理想·宅 编

新手装修
完全图典教程

兵器工业出版社

内容简介

本书针对不了解装修或者对装修一知半解的人群，详细、全面地讲解了整个装修的流程。从前期的准备到后期的实际操作，涵盖了所有装修细节，不仅带领读者了解如何装修，规避可能存在的风险，而且还能帮助读者更好、更省钱地装修。全书通过图表的形式，清楚有趣地展现装修的难点、重点，使学习更加轻松简单。

图书在版编目（CIP）数据

新手装修完全图典教程 / 理想·宅编. —北京：兵器工业出版社，2018.9

ISBN 978-7-5181-0388-1

Ⅰ.①新… Ⅱ.①理… Ⅲ.①住宅—室内装修—教材 Ⅳ.① TU767

中国版本图书馆 CIP 数据核字（2018）第 223922 号

出版发行：兵器工业出版社	责任编辑：何嘉琳
发行电话：010-68962596，68962591	封面设计：骁毅文化
邮　　编：100089	责任校对：郭　芳
社　　址：北京市海淀区车道沟 10 号	责任印制：王京华
经　　销：各地新华书店	开　　本：710×1000　1/16
印　　刷：天津雅泽印刷有限公司	印　　张：12
版　　次：2018 年 10 月第 1 版第 1 次印刷	字　　数：280 千字
印　　数：1-5000	定　　价：49.8 元

（版权所有　翻印必究　印装有误　负责调换）

前言 Preface

对于很多装修过的业主或者接触过装修的人而言，装修是一件劳神费力的事情，就算投入再多的时间与精力，到最后总会有各式各样的问题出现，从而导致装修缺憾。更多时候，明明投入了几倍的精力与金钱，得到的效果却差强人意。如何解决装修难的问题，除了要熟悉基本的装修流程以外，还要拥有把控装修进度、装修预算及装修质量的能力，另外，也要有能在与不良装修团队打交道时，不被利用欺骗的能力。

装修是一项大工程，没有装修经验的业主只能被装修公司或装修工人牵着鼻子走，不仅达不到理想的装修目标，还要额外花费更多的预算。为了帮助更多人能掌握家庭装修的基础知识与关键环节的要点，我们编写了这本《新手装修完全图典教程》。这本书主要分为装修前期准备、装修施工和装修后期三个部分，除了讲解最基础的施工流程中需要注意的要点以外，还加入了装修前期业主需要做好的准备工作，以及后期检验查收的操作方法，内容贯穿了整个装修过程，不光帮助业主把控好质量关，也致于帮助业主找到真正的装修需求，利用合理的预算打造出理想、舒适的家园。

本书将晦涩无趣的装修流程，通过流程图、表格等方式展现，简化阅读难度的同时，也扼住重点，主次分明，使阅读更加轻松易懂。贴心的实景图片展示，辅助知识点的学习，不仅能缓解阅读枯燥感，而且使知识要点更容易被理解。

目录

第1章　根据居住人员，明确装修需求 / 001

制作需求表 / 002

确定空间分配 / 004

规划制作版图 / 006

第2章　合理规划预算，不花冤枉钱 / 007

估算装修费用 / 008

掌握预算方法 / 010

确定装修档次 / 012

选择发包方式 / 016

第3章　选对设计师，装修就能事半功倍 / 019

选定设计师 / 020

了解服务内容 / 021

掌握谈判技巧 / 022

第 4 章

谨慎签订合同，支出不能含糊 / 023

了解装修合同要点 / 024

提前规避"增项费用" / 030

约定付款周期 / 033

第 5 章

从喜好选定风格，构建专属之家 / 035

结合成员个性选定家居风格 / 036

分析风格设计，敲定心仪居所 / 040

第 6 章

确定功能分区，住着才舒适 / 087

区分空间设计 / 088

研习空间特点 / 096

理顺空间动线 / 098

熟知家具尺寸 / 100

第 7 章

巧用细部设计，为空间加分 / 105

了解配色基础 / 106

合理应用光源 / 114

选用亮眼装饰 / 118

目录

第 8 章 建材选购不怕烦，空间格调自然高 / 123
确定购买建材的顺序 / 124

分清建材档次 / 128

计算材料用量 / 129

掌握材料选购要点 / 132

第 9 章 掌控施工细节，杜绝偷工减料 / 137
了解施工流程 / 138

分检施工工艺 / 166

规避施工错误 / 170

第 10 章 亲自验收，对家居负责到底 / 175
备齐验收工具 / 176

了解验收重点 / 180

留意局部验收 / 183

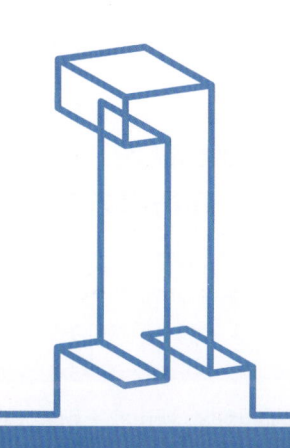

第 1 章
根据居住人员，明确装修需求

在拿到新房进行装修之前，首先要明确每个居住人员对生活的需求，具体讨论出成员对新居室的理想取向，逐步了解自己与成员的喜好和习惯，将这些需求确认清楚，才能为今后的装修打好坚实的基础。

制作需求表

在装修前，业主可以和家人对房屋装修的需求进行沟通，了解彼此间对于装修的要求和嗜好，业主可以通过制作需求表的形式，清楚自己真正的习惯所在，有利于后期装修方向的确定。

理想的居住环境，应该是既能尊重每个人的独立时光，又能与家人共享美好时刻。但每个人的需求和感受都是不一样的，并且对于理想家居的标准也是不尽相同的，有些人喜欢松软宽大的沙发，可以在下班后半躺半坐着看电视，也有人喜欢减少家具数量，保持精简的状态。所以业主和家人应该写一份关于自己的需求表，将个人的生活习惯细致地写出来，让大家能大致掌握自己对新家的需求。

家庭成员需求表				
姓名				
年龄				
关系				
日常生活时间				
起床时间	平时		周末	
早餐时间	平时		周末	
晚餐时间	平时		周末	
洗澡时间	平时		周末	
就寝时间	平时		周末	
平时如何度过晚餐后的时间（经常在哪里、做什么？）				
如何度过周末（经常在哪里、做什么？）				

第1章

根据居住人员，明确装修需求

续表

爱好、参加的活动		
和朋友或家人玩的时候，一般去哪里，做什么？		
如果在家		
如果外出		
喜欢的颜色（室内）是什么？		
自己的性格是怎样的？		
对新家的梦想或希望		
全家团聚与用餐		
全家团聚的时间每周几天？时间带？	每周（　　）天左右	时间带（　　　）
全家团聚是做什么（地点、方式）？		
全家一起用餐次数		
关于来客		
每个月有几次来客？		
来客人时，带对方到哪间房？		
有没有专用客房？		
宠物方面		
有没有养宠物？有的话是什么？		
如果有宠物，在哪里养？		
有没有新家养宠物的计划？		

003

确定空间分配

由于我们每个人有着不同的生活习惯和生活方式，所以实用的居室空间分配对于家庭每个人来说也是不同的，想让自己的家变得便捷而且功能化，首先要确定日常生活中的活动和需求，这样才能更好地进行空间分配。

考虑居家活动的空间大小和频率

大多数人都生活在有限的房屋空间里，但却要进行很多项活动。由于受到空间限制，在设计时，要优先考虑频率较高的主要活动，给它一个固定而独立的空间，然后把发生频率较低的活动结合到一起，从而做到优化空间。

例如，一个两口之家的居室，由于房屋面积较小，所以没有独立的书房空间。但有时候居住者有处理工作事务或进行阅读学习的需求，因此就把看书写字这个静空间与卧室空间结合。而同时女主人每天都需要化妆，由于空间有限，可以把这两个功能需求结合到一起，会化妆台与书桌一体，既能节省空间，又能保证实用的功能存在。

考虑家庭成员组成

家庭成员的组成和数量会影响居室空间的规划，单身人士、两口之家与三口之间，甚至四世同堂的家庭，对于空间的规划重点是不相同。比如，对于有孩子的家庭，客厅是三口人在一起花时间最多的地方，因此，可以给孩子在客厅划分一小块游戏区，让父母在休闲放松的同时，也能陪在孩子身边。

成员的不同对于空间分配要求不同

以一个三居室为例，如果居住的是一家四口，包括老人和孩子，那么在空间的分配上要考虑将远离卫浴间的卧室给老人住，保证老人夜间的休息环境，同时将靠近主卧室的次卧室变成儿童房，这样可以方便夜间照顾孩子。

但对于三口之家而言，因为只有夫妻两人和孩子长期居住，所以可以选择将其中一间卧室变成其他用途：可以根据家庭成员的需求，将卧室改造成以办公、学习为主的较安静的书房；可以改造成轻松活泼、提供娱乐的游戏室。

第 1 章

根据居住人员，明确装修需求

　　对于新婚夫妇或者单身人士而言，三居室可能会显得面积过大，但从未来发展考虑，可能过了 10 年或 20 年后，生活状态会发生很大变化，各个房间的规划也要有预留空间。就目前而言，新婚夫妇和单身人士对于空间的分配，重点在于动静分区，将活动区域与休憩区域区分，比如，新婚夫妇可以将靠近客厅的卧室变成客房，方便家人或朋友来探访时使用。如果女主人有化妆的需求，可以将主卧内卫浴间改造成化妆室，以节约来回进出主卧室与外卫的时间。

了解成员的生活习惯

　　每个成员的生活习惯也同样影响着居室空间的划分，拿客厅为例，如果家庭成员有每天在客厅看电视的习惯，那么电视机的摆放位置最好正对着沙发，并尽量避免电视机屏幕对着窗户，从而造成反光；如果成员比较偏向安静的独立空间，那么可以放弃客厅的视听功能，将其打造成开放式书房，成为阅读、休闲、聚会的场所。

　　在装修前应该尽量弄清自己和家人的生活习惯，如是喜欢独处还是喜欢社交娱乐，是想要安静平和的家居氛围还是热闹明快的氛围，这些因素都影响着空间的分配，甚至是家具、装饰、空间风格的选择。

规划制作版图

在了解了自己及家庭成员的居住需求后，可以制作一个版图，具体地描绘理想住宅的设置，这样可以使接下来的工作更加顺畅。

在最开始规划版图时，不一定要考虑资金的问题，而需要与居住成员讨论对家更具体的概念。可以收集一些书籍、杂志内页作为参考对照，让大家能有直观的感受。这其中不光是卧室或客厅的图片，再小一些的，比如，门把手、水龙头等也可以通过收集、摄影来制作版图。

对于版图的制作，问题在于如何描述各个房间的情况。居住者可以从杂志、书籍或互联网上寻找符合自己心仪的图片，分别制作各个房间的图板。也可以拍一些自己喜欢的室内照片，可以是酒店、咖啡厅或者是样板间。版图不但能帮助业主向设计师说明自己的内装感觉和世界观，也能对自己的风格进行再确认。

家庭成员信息汇总

1. 全家人对新家的"要求"

以"家庭成员需求表"中"对新家的梦想或希望"为参考，把每个成员对新家的要求总结出来，并写上具体的理由。

希望有一个独立的区域，可以躺着看书、晒太阳或听音乐。（示例）

2. 希望各房间有多大面积

划分		居室名称	希望面积/m^2
一楼	公共空间	客厅、餐厅、厨房	
	卫浴设施	浴室、盥洗室、更衣间	
	其他	收纳、玄关、楼梯及走廊等	
	合计		
二楼	私人空间	卧室、儿童房	
	其他	楼梯及走廊等	
	合计		
总计			

第 2 章
合理规划预算，
不花冤枉钱

装修前，业主应该对整个家装过程需要花费的资金有个大概的心里估算，再根据装修公司提供的预算报价单来确定心里能承受的预算范围，从而达到装修预算不盲目、不糊涂，预算合理的目的。

估算装修费用

装修费用具体分为设计费用、时间费用、材料费用，当然还有一个方面不能忽视，那就是人工费用，这个在当前有很大的比重。要做好装修，就得提前做好装修费用预算，只有做好了预算，才能有参考的依据。

▼ 装修费用组成

设计费
要点：占整个装修费用的 5%～20%

时间费
要点：装修越慢，实际耗资越多

材料费
要点：装修前期准备充足，减少材料损耗费

人工费
要点：占整个装修费用 30%

设计费用

设计费用一般会占整个装修费用的 5%~20%，而且这笔设计费用在装修之前就应该考虑在预算之中。

时间费用

装修前一定要留出足够的时间把设计、用料、询价和预算等都做到位，因为只有前期准备得越充分，装修速度才能越快，装修实际耗资也就越低。

材料费用

材料费又分为主材费和辅材费。主材费是指在装修施工中，按施工面积或单项所涉及的成品或半成品的材料费，如，墙地砖、地板、木门、铝扣板等；辅料费是指施工中所消耗的难以明确计算的材料费用，如，钉子、螺丝、胶水、水泥、沙子等，这些材料损耗较多。

> **注意事项：**
> 这部分费用有一些是施工方负责的，有一些是需要业主自行购买的，自行购买部分的比例取决于包工的形式。

人工费用

人工费用是指工程中所耗的工人工资，其中包括工人直接施工的工资、工人上缴劳动力市场的管理费等。工程量的大小、工期的长短、设计的复杂程度、施工的难易度都对人工费用有直接影响。人工费用约占装修总造价的30%。

绕开预算陷阱的窍门

1. 不过分压价

过分压价会使施工队产生逆反心理，在装修材料和质量上大打折扣，结果是丢了西瓜捡了芝麻。俗话说得好"无利不起早"，这个道理其实每个人都知道。

2. 多花时间看设计

看懂设计是避免掉进预算陷阱最主要的一步，其重点是施工立面图。多和设计师沟通，最好能形成具有整体感的立体效果，明白每一个项目到底是怎么做的。

3. 要求出具工料明细表

要求装修公司出具工料明细表，即目前有些装修公司所倡导的二级精算预算表。二级精算表可以很好地预防施工中偷料减料的问题。

4. 合同要详细

签合同时应详细注明所用材料品牌、规格、价格档次、用量、施工级别。对于这一点，业主千万不能怕麻烦，最好事先到市场上走几圈，多比较比较，然后再列出详细要求。

掌握预算方法

房屋装修对每个家庭来讲都是一件大事，因此，在装修之前应做好各项准备工作。仔细做好家庭装修预算是装修的第一步。

▼ 装修预算方法

确定装修材料预算 　　　　　　做出装修项目的预算

确定装修材料预算

首先，家庭成员要对装修的基本内容达成一致，比如，做不做家具、地面铺什么材料、各房间的功能是什么等。然后到各大装饰市场做一个摸底，包括装饰用的墙面涂料、地板（复合与实木）、墙地砖、各种装饰板材、洁具、厨具等。

注意事项：

在掌握了各种材料的大致市场价格以后，建议全家坐下来进行商讨，了解上述材料的品牌、材质、产地、性能、价格等方面的情况，这样有利于在和专业装修公司洽谈的时候做到心中有数，并且可以根据掌握的一手情况大致做一个前期预算，以便合理地安排装修的项目和准备相应的资金。

做出装修项目的预算

业主手上要有新居室的平面图，将客厅、卧室、书房、餐厅、厨房、卫生间的居住和使用要求、设施要求在图纸上定下来，并列出将做项目的清单，再根据装饰市场提供的价格参数进行估算，得出一个前期的预算。

装修档次不同，预算不同

家庭装修是一项综合工程。它有许多未知的因素存在，也有不同的档次之分，这就需要给装修公司一个布局、规划的时间（约一周时间），以便根据不同的装修档次确定出一套适合您的方案和预算。如果是简单装修，对木地板、乳胶漆、墙地砖、胶合板等基础大项材料进行专项了解，核算出的价格就基本是总造价了；如果是高档次的装修，除了基础项目外，还要留出一定空间让设计师从美学的角度进行点缀。

注意事项：

一个好的、合格的设计师能够设身处地地为客户着想，利用设计中的对比处理，把钱花在点子上，而部分项目使用一些相对便宜的材料即可，这样的花费主次分明，能在有限的预算情况下实现装修效果的最大化。好的设计师还会为客户提供用材方面的建议，分析不同材料的优劣，避免由于选材失误而造成遗憾和损失。

预算支出有限的分配方法

1. 轻装修、重装饰

"轻装修、重装饰"将逐步形成潮流，因为装修的手段毕竟有限，无法满足个性家居的设计要求，而风格各异、款式多样的家具和家居装饰品，却可以衍化出无数种家居风格。所以，许多人在装修时只要求高质量的"四白落地"，利用装饰手段来塑造家居的性格。因此，应把预算资金的大部分投入到装饰中。

2. 简单顶面、主题墙面、重点地面

净高比较低的房间，在房间顶部的处理上以简单为好，这样不会产生压抑感；家具比较多的房间，墙面的装修可以相对简单处理。可以借鉴"主题墙"的办法，在这面墙上，采用各种装饰手法来突出整个房间的风格，其他墙面则可简单处理；对于地面的装修，因为地面装饰材料的材质和颜色，决定了房间的装饰风格，而且地面的使用频率明显要比墙面和顶棚高，所以要使用质地和颜色都较好的材料。

3. 大客厅、小卧室

目前大客厅、小卧室的户型越来越多，在这种情况下，就可以在卧室的装修中少花一些。客厅除了用来接待客人之外，还是全家团聚、娱乐的地方，更能体现每个家庭的特色。相反，卧室功用相对简洁一点，以温馨为主。

新手装修完全图典教程

确定装修档次

很多业主都被问到或听过"装修档次"这个词,但装修究竟分为多少个档次,以及选择装修档次时应该考虑哪几个因素,相信多数人可能还不太清楚。一般来讲,装修的档次可分为四种:经济型、中档型、高档型、豪华型。

▼ 装修档次分类

经济型	中档型	高档型	豪华型
要点:无设计含量,装修预算在 500 元/m^2 左右	要点:融入简单设计,装修预算在 1000 元/m^2 左右	要点:设计更突出,装修预算做到 2000 元/m^2	要点:整体设计气派,装修预算在 5000 元/m^2 以上

经济型

经济型装修也就是常见的普通装修,如,包门包窗、厨房卫生间铺贴地砖、塑扣板或铝扣板吊顶、少量水电改造、厨卫设施安装、地面铺砖或复合木地、踢脚线、暖气罩、窗帘盒、墙顶刷涂料。这种装修一般不需要或很少有室内设计,格局上也没有大的改动,并且主要是靠业主自行请队伍施工。在装修过程中很少用到高档材料,尽量以经济实惠的材料进行代替。经济型装修事无巨细,需要业主掌控每个环节和细节,稍有不慎,就容易造成工艺质量和效果达不到自身的要求或造成材料浪费的后果。

▲ 经济型装修适合于只需要简单装潢的人群

中档型

中档型装修除了标准性的装修内容外，还可以请设计师融入设计理念，使居室拥有设计主题及风格。因此，可以制作与此主题或风格相符合的装饰，如，艺术造型吊顶、文化主题墙、沙发背景墙、床背景墙、端景，以及一些充满风格感的家具。中档型装修可享受到装修公司的一些服务，如，设计师可以陪同购买主材、工程监理帮助控制工艺质量、售后人员协助做好售后服务等，在一定程度上减轻了业主装修的压力。

▲ 中档型装修适合资金稍微宽裕的人群

高档型

高档型装修与中档装修的区别主要在于设计、施工工艺和主材的材料档次。高档型装修一般会邀请有经验的设计师提供设计方案、工艺精湛的特级施工队以及售前、售中、售后所有环节员工及时、周到、完善的服务。如果业主将自己的装修定位为高档装修，一定要充分考察装修市场，选择一些知名度高的公司，尽量实地考察公司的实力和以往的业绩，如果条件允许，最好可以查看该装修公司正在施工的工地，从工地实际情况判断是否足够专业。

▲ 高档装修在材料运用上更多样、精致

高档型装修注意功能划分齐全

装修高档一些，并不意味着要装得太满，该简处要简，该繁处须繁。如，储藏空间要大一些，洗衣、洗澡、做饭、冷藏等生活设施的设置要齐全并有一定档次。而居室墙面等的设计就要以简洁为宜，不要填得过满，不妨留点白。

豪华型

豪华型的装修实际上不仅仅是高档的材料、叹为观止的效果、富丽堂皇的气质，更应是一件独具特色的、充分体现主人风格的艺术精品。这就要求设计师必须是具有多年室内设计经验的大师级人士，有自己独特的设计理念，能把握各种设计风格，且有良好的沟通能力。材料的选择要精细，基本上都是精品级材料。在做工要求上也追求精雕细琢，聘请有多年施工经验的施工员，并且工地上有专门的施工管理人员进行实时监理。

▲ 豪华型装修更有气派

不同档次的预算划分

不同档次的装修，使用的材料和施工工艺都有所区别，因此它们的预算也大不相同。除了最基础的装修施工外，设计费用和劳务费用也因为装修档次的不同，其报价也相应的会有所不同。

档次种类	预算规划
简单装修	如果只是想简单装修自己的家，那么预算做到 500 元 / m² 即可。如一套二室二厅面积为 80m² 的居室，装修预算（硬装费用）应为 4 万元左右
中等装修	对于资金相对比较充裕的家庭来说，创造一个中等装修的家的花费大概在 1000 元 / m²。例如一套三室二厅面积为 100m² 的居室，装修预算应为 10 万元左右
高档、豪华装修	想拥有一个豪华、气派的家，那么大概需要 2000 元 / m² 以上的花费了。例如，一套面积 150~250m² 的居室，装修预算应为 35 万~80 万元

影响装修档次选择的因素

家庭装饰的主要内容是对地、墙、顶做饰面处理,对门窗进行改造,对厨房、卫浴、灯具等设施进行更换与改造,以及配套家具的制作等内容。在选择装修档次时,可参考以下因素:

▼ 影响装修档次选择因素

经济能力　　住房面积　　居住者

影响因素	简介
经济能力	只是想简单装修自己的家,那么预算做到 500 元 / m² 即可。如一套二室二厅面积为 80 m² 的居室,装修预算(硬装费用)应为 4 万元左右
住房面积	对于资金相对比较充裕的家庭来说,创造一个中等装修的家的花费大概在 1000 元 / m²。例如,一套三室二厅面积为 100 m² 的居室,装修预算应为 10 万元左右
住房售价	想拥有一个豪华、气派的家,那么大概需要 2000 元 / m² 以上的花费了。例如,一套面积 150 ~ 250 m² 的居室,装修预算应为 35 万 ~ 80 万元
居住者	老年人居住的住房宜选用中档装修,年轻人可根据自己喜好选择
居住年限	长久居住不准备换房的,宜选用高档装修;面临乔迁或准备乔迁的可选择重装饰、轻装修
家具档次	住宅装修与装饰应当匹配
装修材料供应	当地装修材料齐全、品种质量好的,可选择高档装修
装修施工技术	如果请比较高级的装修公司(例如,一级资质的装修公司),可选择高档装修
居住环境	可参考平均居住及装修水平,选择适合自己的装修档次

选择发包方式

业主装修都需要提前做些准备工作，选择怎样的家装方式也是问题之一。目前市场上主要有三种装修形式，各有各的优点和不足之处。如果打算或准备装修，可以根据自己的经济以及房屋结构等众多方面综合考虑，提前了解这三种装修形式，从而选择和自身情况更适合的装修承包形式，为后期装修节省精力与财力。

▼ 发包方式

全包
要点：所有材料采购和施工都由施工方负责

半包
要点：施工方负责施工和辅料的采购，主料由业主采购

包清工
要点：业主自己购买材料，施工方只负责施工

全包

全包是指装饰公司根据客户所提出的装饰装修要求，承担全部工程的设计、施工、材料采购、售后服务等一条龙服务。业主在选择这种方式时，不应吝惜资金，应选择知名度较高的装饰公司和设计师，委托其全程督办；签订合同时，应注明所需各种材料的品牌、规格及售后责权等；工程期间也应抽出时间亲临现场进行检查验收。

全包装修包含项目	基础装修：墙体改动、水电改造、地面防水处理、地墙砖铺贴、墙面和顶面涂刷、卫生洁具安装、五金件安装、灯具安装
	造型设计：电视墙造型和客厅、饭厅、主卧室、主卧室玄关、衣帽间吊顶
	木作施工：主要包括鞋柜或电视柜等，如自行购买可省去

这种承包方式一般适用于对装饰市场及装饰材料不熟悉的业主，且他们又没有时间和精力去了解这些情况。采取这种方式的前提条件是装饰公司必须深得业主信任，在装饰工程进行中，不会产生双方因责权不分而出现的各种矛盾，同时为业主节约了宝贵的时间。

优 点	缺 点
节省业主大量的时间和精力； 责权较清晰，一旦装修出现质量问题，装修公司的责任无法推脱。	容易产生偷工减料现象； 装修公司在材料上有很大的利润空间。

提前列出购料清单

如果对材料不太熟悉，最好让工人提前列出购料清单，并集中购买，提前规划少跑腿；购买时若对市场行情不太了解，尽量选择去建材超市进行采买；购买后要保留好每种材料的销售凭证。

半包工

半包方式是目前市面上采取最多的方式，由装饰公司负责提供设计方案、全部工程的辅助材料采购（基础木材、水泥砂石、油漆涂料的基层材料等）、装饰施工人员及操作设备等，而客户负责提供装修主材，一般是指装饰面材，如，木地板、墙地砖、涂料、壁纸、石材、成品橱柜的订购安装、洁具灯具等。

半包装修 包含项目	装修公司半包基础装修：水电、瓦工、木工、油漆
	业主自购：配套的开关底盒、强电箱、弱电箱、单极空开、双极空开、带漏电功能的40A双极空开、灯具、86型或者118型的开关插座配套、水阀、坐便器、浴室柜、地漏、瓷砖阳角线、瓷砖勾缝剂等

这种方式适用于大多数家庭装修，消费者在选购主材时需要消耗相当的时间和精力，但主材形态单一，识别方便，外加色彩、纹理都可以按个人喜好设定，绝大多数家庭用户都乐于采用这种方式。

优 点	缺 点
◇ 相对省去部分时间和精力； ◇ 自己对主材的把握可以满足一部分"我的装修我做主"的心理； ◇ 避免装修公司利用主材获利。	◇ 辅料以次充好，偷工减料； ◇ 如果出现装修质量问题常归咎于业主自购主材。

选择合适可靠的装修公司

首先，选可靠的装修公司非常重要，选择合适可靠的装修公司可能出现物美价廉的结果；但选择不当，则会出现并不理想的后果。其次，在合同里要写明确哪些材料由顾客买，哪些材料由装饰公司提供，以免出现问题后装修公司推卸责任。

包清工

清包也叫包清工，是指装饰公司及施工队提供设计方案、施工人员和相应设备，由业主自备各种装饰材料的装修方式。

这种方式适合于对装饰市场及材料比较了解的客户，通过自己的渠道购买到的装饰材料质量可靠，经济实惠，不会因装饰公司在预算单上漫天要价、材料以次充好而蒙受损失。但在工程质量出现问题时，双方责权不分，如有些施工员在施工过程中不多加考虑，随意取材下料，造成材料大肆浪费，从而给业主带来一定的经济损失，这些都需要业主在时间精力上有更多的投入。

优 点	缺 点
◇ 将材料费用紧紧抓在自己手上，装修公司材料零利润；如果对材料熟悉，可以买到最优性价比产品； ◇ 极大满足自己动手装修的愿望。	◇ 耗费大量时间掌握材料知识； ◇ 容易买到假冒伪劣产品； ◇ 运输费用浪费； ◇ 对材料用量估计失误引起浪费； ◇ 装修质量问题可能会全部归咎于材料。

材料检查与验收要仔细

进的每一批材料要验收，查看是否与设计符合，不合用的设计要及时更改。查看工序是否正确，对于自己不懂又很重要的工序，如水电改造，不妨请专业人士监理。工头自己订购的东西记得要索要发票之类的凭证。

第 3 章
选对设计师，装修就能事半功倍

设计师是业主装修过程中重要的人员之一，他是帮助我们实现理想家居的帮手。好的设计师不仅可以帮助业主打造实用美观的居室环境，还能帮助业主节省精力与资金，省去后顾之忧。因此，选择优秀的设计师是家居装修的重要保障。

选定设计师

设计是装修的灵魂，所以如何挑选设计师在装修中尤为重要。但短时间内如何挑选一名优秀的设计师对于普通业主来讲较为困难，因此，业主要学会如何在短时间内辨别出优秀的设计师。

设计师的定义

室内设计师是一种室内设计的专门工作，重点是把客人的需求转化成现实，其要点是着重沟通，了解客人的愿望，并在有限的空间、时间、科技、工艺、物料科学、成本等压力之下，创造出实用及美学并重的全新空间。

如何鉴定优秀设计师

1. 看作品

可以查看设计师以前的个案和设计作品。观察他在不同的个案中采用的是什么手法及对每套设计方案的设计理念，以此了解这个设计师在专业技能上有多少内涵。

2. 听设计想法

听设计师对自家房屋空间使用功能布置的想法，以及听设计师采用何种装修手法处理房子。比如，对于房间中不规则地方的处理是否有独到的见解，而且要注意听设计师的分析是一时兴起还是有理有据。同时，还要听设计师在进行思路阐述时能否将业主的功能性要求包含进去，如果设计师一味地在阐述其自己的所谓设计风格、设计手法，而不能说出设计的道理所在，那么选择这样的设计师要慎重。

3. 查看资历

专业的室内设计师，自然会拥有一些学历证书等证件，其中最主要的是环境艺术设计专业或者建筑设计专业的，但是也不要过于看重这一项。

了解服务内容

想要拥有更完美的家居设计方案，首先要先了解设计师工作的内容以及所提供的服务，这样可以提前了解整个装修中设计师的作用，帮助业主在装修时解决困难问题。

现场勘查	设计师要先了解房屋现场现况及周遭环境、空间大小和居室风格的定位。通过量房及拍照等方式，计算工程预算
放图	设计师通过了解业主的装修需求和生活习惯来绘制平面布置图
功能配置讨论	设计师和业主对于初步的空间规划和配置进行沟通讨论，业主可以将问题与设计师沟通，初步完善功能规划
定稿、3D效果图	平面布置图经过业主确认，符合业主的空间需求后，设计师会制作3D图或空间模型来更直观的对室内设计进行解说
选材确认	确定完设计图后，设计师将重要施工材料，例如，天花板、石材、灯饰、窗帘布料、家具等，经业主确认无误后，给出空间装修预算书，让业主能完全掌握材料的品质
设计／施工细部图绘制	设计师提供室内平面布置图、隔间尺寸图、天花板图、地板图、立面图、水电图、照明图、空调设备图、剖面图及各类细部图，帮助业主更详细地了解设计布局
工程预算书制作	设计师详列各项工程施工单品数量、单价，供业主估价参考

掌握谈判技巧

家居设计不单单是设计师的事，没有业主的配合，设计师几乎无法完成基本的设计任务，当然就更谈不上有令业主满意的设计方案。业主应该学会准确清楚地表达出自己的需求与期望，并说明必要的设计要求，这是保证设计成功的前提。

确定投资意向

为了准确了解装修的档次定位，客户应对自己居室的投资意向做一个较为详尽的开支计划，比如，装修方面的预备支出、设备设施方面的预备支出等，还要向设计师说明你不喜欢的材料、颜色、造型与布局等。以便于根据投资做出合理的家庭装修设计方案。

明确生活方式与日常习性

将自己的家庭人口结构、日常社交往来、亲朋好友的聚会方式以及家族成员将入住的空间等详细告之设计师，为空间功能规划提供依据。说明电视、音响、电话、冰箱、洗衣机等的摆放位置；说明准备添置之厨卫设备的品牌、规格、型号和颜色等；说明准备选购的家具及原有家具的款式、材料、颜色等。

收集相关资料

为了确定自己居室装修的风格，客户可收集一些居室装饰范例的书籍，将自己喜好的风格或款式，如，北欧风格、日式风格、中式风格等提供给设计师，供其参考。

了解家庭装修运作程序

客户应该对家庭装修的正规运作程序做一个大概的了解，并对装饰建材的种类有大致的识别，为设计师在选材上提供依据。

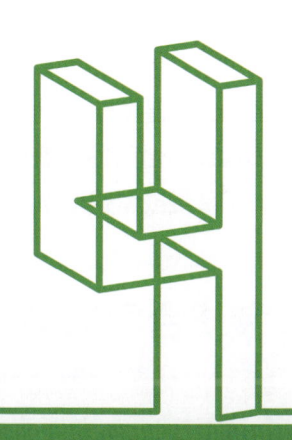

第 4 章
谨慎签订合同，支出不能含糊

装修合同签订的主要目的是为了明确责任。装修合同是家装质量的约束凭证，也是避免家装纠纷保证书，是业主维护自身合法权益的重要武器。掌握合同签订要点，识别暗藏的合同漏洞，是业主避免上当受骗的保证。

了解装修合同要点

装修合同是装修工程中最主要的法律文件。当所有的设计和工程预算都谈妥后，签订装修合同是装修开工前必须履行的一道手续。目前，装修管理较为成熟的城市的建委或者建设局都制定有标准合同。

装修合同的构成

装修合同就是为了房屋装修而签订的合同。这个合同是依照《中华人民共和国合同法》及有关法律、法规的规定，结合家庭居室装饰装修工程施工的实际情况，在双方在平等、自愿、协商一致的基础上，就发包人的家庭居室装饰装修工程的有关事宜达成的协议。

装修合同签订的主要目的是为了明确责任。装修合同是家装质量的约束凭证，也是避免家装纠纷保证书，是业主维护自身合法权益的重要"武器"。

名称	简介
工程主体	施工地点名称、甲乙双方名称
工程项目	包括序号、项目名称、规格、计量单位、数量、单价、计价、合计、备注（主要用于注明一些特殊的工艺做法）等，这部分多数按附件形式写进程预算（报价）表中
工程工期	包括工期为多少天、延期的违约金等
付款方式	对款项支付手法的规定
工程责任	对于工程施工过程中的各种质量和安全责任做出规定
双方签章	包括双方代表人签名和日期；作为公司一方，还应有公司章

合同中常用字眼的使用方法

签订装修合同时，对做出规定的内容和项目一定要详细写明。有些业主由于没有装修经验，事先没有签订详细的合同，以致日后出现很多问题，不仅房屋出现质量问题，而且也严重影响日常生活。下面就介绍一些合同中常用字眼的使用方法：

名称	简介
关于项目	例如，客厅地面铺 600mm×600mm 国产佛山 XX 牌耐磨砖（应指定样品）
关于单位	✐ 天花角线、踢脚线、腰线、封门套等的单位用"米"。 ✐ 木地板、乳胶漆、墙纸、防盗网等的单位用"平方米"。 ✐ 家具、门扇、柜台等用"项""樘"等单位。 有必要标明这些项目的报价单位及报价，例如，"按正立面平方数计算，每平方米 600 元"。单位应使用国内通用的法定计量单位，切忌使用英制等单位。可以计算面积的子项应避免使用"项"来表达
关于数量	✐ 按实际测量后，加入损耗量，在合同内标定。日后不再另行计算。 ✐ 按单价，再乘以实际工程量。这是一种做多少算多少的做法
关于备注	一些工艺、做法应标明。例如，"衣柜：表面用红榉面板、内衬白色防火板，主体为 15mm 大芯板"
关于违约	不管是业主违约，还是装修公司违约，都可以用经济手段进行惩罚和赔偿。一般违约金大约是工程总额的千分之一至三。但需要提醒的是，要注意这个千分之几的写法。有的装修公司故意在千分之几后面加上"元"字。这就等于实际的罚款为一（或几）元的千分之几，即几厘钱，一分钱都不够
关于管理费用	所谓的管理费用包括小区管理处收取的各种行政管理费用。有一些管理处对有些项目不一定收费；有一些乱收费的管理处却无处不钻，施工维护费、电梯使用费、工人管理费（/日）、出入证押金、出入证费、临时户口办证费等。乱收费的管理处是最令装修公司头痛的，所以越来越多的装修公司要求这些费用由业主支付，不再计算入工程预算之中
关于税金	在绝大部分城市，税金是在装修公司的营业收入中收取的。但有些城市开始收取专门的装修税，它是通过大厦或小区管理处收取的，而不是通过企业报税的形式收取，这些，都有必要明确承担者
关于签章	由于目前装修市场操作上的混乱，有些所谓装修公司实际上是挂靠或假冒某装修公司的名义，因此，建议业主方在签订所有法律文件时，除非对方是正规装修公司的法人代表，否则最好要求对方注明签字人的身份证号码

装修合同签订流程

了解装修签订，可以让业主在一开始就不至于处于被动的位置。在和装修公司进行过沟通过后，双方明确装修意向之后，业主确认装修设计的效果图以及家装报价，并将最终的报价在合同中体现，接着就是确认装修总价款、装修竣工的大致日期以及确认工程质量，最后双方确认合同书，通过甲乙双方签字即可生效。

▼ 装修合同签订流程

步骤	上方标签	下方标签
第一步		沟通意向
第二步	设计确认	
第三步		预算提交
第四步	总价确认	
第五步		确认工期和工程质量
第六步	付款	
第七步		合同责任确认和签字

签订装修合同注意要点

一个合格的装修合同应该包括以下因素：合同各方的名称、工程概况、双方各自的职责、工期、质量及验收、工程价款及结算、材料供应、安全生产和防火、违约责任、争议或纠纷处理、其他约定合同附件说明。

▼ 签订装修合同要点

明晰合同主体
要点：装修公司名称是否与公章名称一致

确认书面文件齐全
要点：三项文件及支付费用的单据要妥善留存

明确权利与义务
要点：合同应细化，让责任归属更明确

明确违约责任
要点：明确没有履行职责该承担的责任

明确监理责任
要点：装修公司提供免费监理应对质量监督效果进行约定

名称	简介
明晰合同主体	合同中应首先填写甲方、乙方名称和联系方式，很多公司只盖一个有公司名称的章，必须要求装饰公司将内容写满，核对后再签字。此外，还应注意签定合同装修公司名称是否与合同最后盖章的公司名称一致

续表

名称	简介
确认书面文件齐全	经双方确认后的工程预算书、全套设计和施工图纸均为合同有效构成要件。业主与装修公司签订合同时一定要看看这三个文件是否齐全。另外，以上三项文件及支付费用的单据要妥善留存
明确双方权利义务	为保证工程顺利进行，装修合同中应该规定甲乙双方应尽的义务。装修过程中，无法避免出现各种因素影响施工进度，比如，施工现场的安全问题、施工人员身体状况等，在合同中应逐一细化，让双方的责任归属更加明确
明确双方违约责任	合同中应该明确任何一方没有履行合同中约定的职责会承担怎样的责任，在发生争议时的解决办法，从而防患于未然
明确监理责任	合同中规定了可以实行工程监理，作为工程监理人，其身份应该是独立于装修公司之外的。如果家装公司承诺为业主提供免费监理，应在合同中对装修工程的质量监督效果进行约定

了解签订装修合同的技巧

1. 看清楚条款再签合同

关于家装合同，目前各个公司的合同文本大同小异。业主首先要做的是核实装修公司的名称、注册地址、营业执照、资质证书等档案资料，防止一些冒名公司和"游击队"假借正规公司名义与客户签订合同，欺骗消费者。

2. 双方材料供应

目前，很多工程都是采用装修公司提供辅料和工人，业主提供部分主材的做法进行。这样一来，在合同中就要明确双方供料的品种、规格、数量、供应时间以及供应地点等项目。材料验收要双方签字，材料验收单最好对材料的品种、规格、级别、数量等有关内容标注清楚。另外，验收的材料应与合同中规定的甲乙双方提供的材料相符。

3. 施工图纸

一项家装工程需要用到的施工图纸包括平面图、透视图、立面图和施工图，有的还需要电脑效果图。所以业主最好要求装修公司出示的施工图上要有详尽的尺寸和材料标示，设计责任要分清。

工程项目增减方面最好要明确

如果在施工过程中有项目的调整，一定要签订《工程变更单》，不要以口头达成的协议为准，要及时签订书面变更合同；签订变更合同后及时通过市场鉴证，以避免日后纠纷的发生。

4. 奖惩条款

在家装过程中，由于各种原因造成的施工延误或工程质量问题，一定要在合同中有所体现，比如，违约方的责任及处置办法、保修期和保修范围（一般免费保修期为一年，终身负责维修）。工程完工、验收合格后，双方要签订"工程结算单""工程保修单"。

装修合同签订注意事项

1. 检查装饰公司的手续是否齐全

一个合法经营的装饰公司，必须要有正规的营业执照。目前很多公司都开设了分支机构，对这样的公司还应该检查对方是否有法人委托书。而对于资质证明的要求，一般家庭装修装饰公司应该至少要有四级资质证明。

TIPS　　　　　如何审查装修公司资质？

◎ 看装修公司是否持有《建筑企业资质证书》及《工商营业执照》正、副本；
◎ 资质证书和营业执照上公司的名称是否与装修合同当事人一样；
◎ 资质证书和营业执照是否印有上一年的年检印章；
◎ 工程负责人是否持有建材部颁发的土建、水暖工程师职称证书；
◎ 装修工人是否持有建设行政主管部门发放的装饰装修从业上岗证书。

2. 检查设计方案资料是否齐全

完整的家庭装修设计方案，首先设计图纸应该齐全，它应该包括房间的平面图、必要的立面图、必要的天花图、水电图，以及现场制作的家具图等。此外，需要审查设计图纸的诸因素是否齐全，这几个因素包括图纸的尺寸、比例、选用的材料以及简单的工艺做法，如果有缺项应该要求设计师补齐。

3. 装饰公司签合同的人员是否被授权

消费者常去的家装市场里的装饰公司有两种情况，一种是比较大型的装饰公司在这个市场里设立的分支机构，另一种就是一些把总部设在家装市场里的小型公司。消费者如果与前一种公司签订家装工程协议，就必须检查与自己签订合同的人是否得到装饰公司法人的授权；第二类公司，如果是法人亲自签合同，基本不会发生法律方面的问题，如果是委托其他人签协议还应该检查该人是否得到法人授权。

装修合同中的常见霸王条款

1. 保修期严重缩水

根据《住宅室内装饰装修管理办法》规定，在正常使用条件下，室内装修装饰工程的最低保修时间为两年，有防水要求的厨房、卫生间和外墙面的防渗漏为五年。

2. 偷换责任概念免除保修责任

例如，"甲方在验收合格后的十日内未结清工程款，将失去免费保修的资格"。而《合同法》规定，发包方未按期结算工程款，承包方可通过其他多种途径来寻求救济，承包方不能借此免除其所应承担的主要责任。

3. 将纳税义务转嫁给消费者

例如，"本合同中所标明的合同价格未含税金，如客户需要开发票另加税额"。根据《消费者权益保护法》《税收征收管理法》规定，制定上述合同条款的承包方有故意逃避国家税收的嫌疑。

4. 工期规定暗藏猫腻

例如，"工期自开工之日起 60 个工作日竣工"。根据《建筑装饰工程施工合同（示范文本）》的解释："工期应为协议条款约定的按日历总天数（包括一切法定节假日在内）计算工期天数。"

5. 工期预付款套牢消费者

例如，"支付次数，第一次，开工前三日，支付 60%；第二次，工程进度过半，支付 35% 及工程变更款"。这一做法没按《合同法》规定办，工程进度过半没有确切的定义，若出现了质量问题，产生争议，消费者也处于被动地位。

6. 室内环境质量不写入合同有隐患

90% 合同没有对室内环境质量（如空气等）确定具体标准。根据《住宅室内装饰装修管理办法》规定：装修人委托企业对住宅室内进行装饰装修的，装饰装修工程竣工后，空气质量应当符合国家有关标准。

提前规避"增项费用"

预算中最容易碰到的陷阱是装修公司利用业主不知道装修的实际施工量，在预算报价中故意少报施工量，制造较低的预算总价，掩盖其天价的收费单价，诱骗客户签订装修合同，结算时按照实际工程量作为结算依据，这样，在预算中故意少算的装修项目，就会产生大量的增项，实际所花的钱会远超装修预算。

```
        虚增工程量
          和损耗

拆项报价    不同形式的    模糊材料
            增项费用     品牌及型号

        不同形式的
         增项费用
```

低报价，猛增项

一些装修公司和施工队为招揽业务，在预算时将价格压至很低，甚至低于常理。别人开价四万元，而他报价两万元，别人报价五万元，而他自降至三万元，诱惑业主签订合同。进入施工过程中，则又以各种名目增加费用。

规避方法：
千万不要过于贪图价格便宜，对于过于便宜的装修报价，要先考虑是不是存在猫腻，否则贸然选择的话，后期不光要面临多支出的问题，还可能存在质量问题。

拆项报价

拆项报价是指把一个项目拆成几个项目，单价下来了，总价却上去了。例如，把铺地面砖项目拆成基层处理和铺地面砖两个项目；把水路改造中的水管与弯头、三通直接等分拆成几个项目。这样一来，单价很低，看似便宜，但等最后决算时，价格却高得惊人。

> **规避方法：**
>
> 对于拆项报价可能很多业主并没有足够专业的知识或相关的经验去分辨，很多时候是被装修公司牵着鼻子走，所以这就要求业主在最开始选择装修公司时，要尽量选择正规、有一定名气的公司，或者多询问已经装修完的业主，推荐合适、靠谱的装修公司；业主也可以选择自己信任的人，并有这方面专业经验的人来替自己把关。

虚增工程量和损耗

有些装修公司就是利用业主不懂行的弱点，钻一些计算规则的空子，从而增加工程量，达到获利的目的。

例如，在计算涂刷墙面乳胶漆时，没有将门窗面积扣除，或者将墙面长宽增加，都会导致装修预算的增加；一般一个空间的地面和墙面之比是1：2.4～1：2.7，有些装修公司甚至报到1：3.8。一般业主在审查预算表的时候，都是关注单项的价格，至于实际的面积一般是大致估计，如果每项面积都稍微增加一些，单项价格又高，那么少则几百，多则几千就出去了。

> **规避方法：**
>
> 单项价格谈定了以后，一定要不怕辛苦，和装修公司或工头一起把单项的面积尺寸丈量一下，并记下来，落实到纸面上，并算清楚单项的总价格是多少，作为合同的附件，以免到时就面积和尺寸的大小发生纠纷。

模糊材料品牌及型号

利用业主对装饰材料不了解的弱点，在预算报价单上只说明优质合格材料，并没有明确指定品牌、规格及型号等，而其所列举的价格只能用于低端产品，如果客户发现质量不佳责令其更换，他们则提出加价。

规避方法：

要把单价和产品的规格配套起来看费用，要求报价单的每一项尽可能详细地说明材料的各项要素。业主在装修期间要时刻注意核查相关材料是否按指定的要求采购。

工程量做手脚

在计算施工面积时利用业主不了解损耗计率方式的弱点，任意增加施工面积数量，或者本应以平方米为单位的工程在报价单中却以米为单位出现，从而增加了施工费用。

例如，墙面乳胶漆涂饰，实测面积为 20m^2，在预算报价单中却标明 25m^2，多数业主不会为个别数字仔细复查，而平均每平方米 18 元的施工价格就给装修公司带来了 90 元的额外利润。

规避方法：

业主可以事先了解一些关于损耗计率的知识，仔细核对预算报价单，同时要实时进行工程监工，对于每个用料及工艺施工在心里都要有大概的估算，不能一味相信装修公司的说法。

材料以次充好

装修公司在报价单上所指明的品牌材料与现场施工所采用的材料完全不符，或者在客户验收材料时以优质材料充当门面，在傍晚收工时撤离现场。这种方式手法比较常见，是惯用伎俩。例如，预算报价单上标明的是天然黑胡桃饰面板，每张 98 元，而在施工中所采用的却是 30 元左右的人造饰面板，外观一致，但经过长期使用后会发生褪色变质等问题。

注意事项：

建议业主在签订协议签应该先小人后君子，业主应该要根据设计图纸的要求，让家装公司在家装合同或者协议上写清楚所有材料，且标明购买者是家装公司还是业主自己。同时业主要时刻关注装修进程，最好可以实时进行进攻，或者在验收时要多留意关注。

约定付款周期

由于装修不是一笔小开销，合理地支付装修款是业主保护自己权益的有效方法，付款方式得当既可减小装修过程中的风险，也可有效地控制装修质量。就目前装修市场收费情况来看，家庭装修工程的付款阶段分为开工预付款、中期进度款、后期进度款和竣工尾款四个阶段。

▼ 发包方式

开工预付款	中期进度款	后期进度款	竣工尾款
要点：确定交付时间及交付后施工项目	要点：付款前验收好施工质量	要点：保留一部分款项作为验收后保障	要点：确认房屋装修没有问题后交付

开工预付款

1. 了解开工预付款

开工预付款是工程的启动资金，应该在水电工进场前交付。用于基层材料款和部分人工费，如，木工板、水泥、沙子、电线、木条等材料费，以 30% 为宜。

2. 交付时间

工程进行一半后，可考虑支付工程款的 30%~50%。因为这时基层工程已基本完成并验收。而饰面材料往往比基层材料要贵一些，如果这时出现资金问题，很容易出现延长工期的情况。

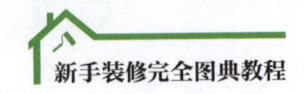

中期进度款

1. 了解中期进度款

中期进度款在基层工程量基本完成，验收合格后，泥木工进场前支付，具体支付比例可以根据工程进度和质量高低决定，一般以工程款的 35% 为宜。

2. 交付时间

中期进度款应该是装修工程中期的时候交付的，因此可以在装修工程中期交付。

后期进度款

1. 了解后期进度款

后期进度款应该是在工程后期所交付的费用。主要是用于后期材料的补全及后期维修维护的费用。

2. 交付时间

后期进度款在油漆工进场前交付，约为工程款的 30%，其间如发现问题，应尽快要求装修公司及时整改。

竣工尾款

1. 了解竣工尾款

竣工尾款换言之就是在工程尾段完成的时候所交给施工队的最后一笔款项。交完这笔款项后，整个装修付款流程结束。

2. 交付时间

工程全部完工，竣工验收合格并将现场清理干净后，就可以支付最后 5% 的尾款了，验收不合格，可在整改合格后再行支付。

> **TIPS** "先装修后付款"可靠吗？
>
> 最近几年兴起了新装修付款模式，即"先施工，后付款"。但首先要弄清楚"先装修后付款"并不等于装修完再付钱，而是将装修分成设计、基础施工、主材施工三个阶段来"分期付款"。例如，有些装修公司"先装修后付款"的形式，其实是改变了原本装修款的支付比例，从以往的 55%、40% 和 5%，变为 55%、20% 和 25%。对消费者而言，中期款可少支付 20%，但尾款也相应增加了 20%。所以在选择时切不可因为贪图便宜而上当受骗。

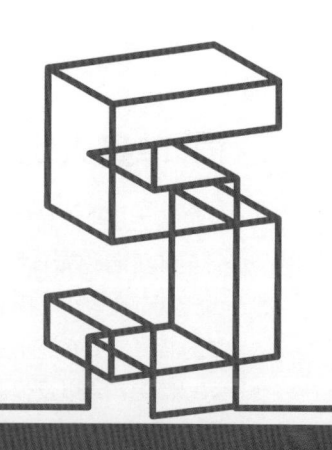

第 5 章
从喜好选定风格，构建专属之家

在所有前期准备结束后，业主还要再一次明确空间风格的选择。由于成员们的喜好不同，对于家居风格的选择也不尽相同，业主在掌握房屋基本情况后，可以根据个人及成员的爱好来选择适合自己的家居风格。

结合成员个性选定家居风格

单身人士

因为是个人居住，所以单身公寓室内设计更加灵活、有个性。一般来说，单身公寓的空间都比较小，因此，空间的规划和家具的选择一定要有充裕的考虑，在室内设计上可以简单实用以及灵活，不需要太多的硬装修，但装修工艺要细腻、风雅，多余的装饰物品不需要太多。

由于单身居住，生活功能可以简单一些，家具的选用一般选择小巧的，可以随意组合收纳及使用，或者选用占地面积小的，可收纳大量物品，又不浪费空间的多功能家具。由此，单身人士房屋可以选择线条平直简单的现代风格或是轻装修重装饰的简约风格，如果是单身女性，也可以选择温和简单的北欧风格和清新自然的田园风格。

单身男性和单身女性居室搭配的不同

（1）单身男性会大量使用诸如不锈钢、玻璃等冷制新型材料；单身女性也会运用新型材料，但比例缩小，一般只会用在个别家具装饰和造型墙面的设计上。

（2）单身男性居室多使用流畅的直线条；单身女性居室会出现圆润的弧线条。图案上，几何图形均适用于两种居室搭配，但单身女性居室还会出现大量花卉植物图案。

（3）单身男性往往以黑色和白色占据空间配色的较大比例；单身女性常以白色为主，但黑色或灰色占据空间配色比例很小。

▲ 简洁大方的现代风格单身公寓，展现硬朗的都市感

▲ 温和简单装饰的北欧风格十分适合单身女性需求

🎁 新婚夫妇

　　新婚夫妇的房屋设计除了要考虑展现甜蜜氛围，也要同时满足夫妻两人的共同需求，在设计上不能过于女性化或男性化，整体要有温馨感但又不缺乏个性氛围。室内设计上要有轻重点区分，可以不做过多的硬装修饰，但需要利用软装饰来提升空间感。

　　新婚夫妇的居室功能相比单身公寓要稍微明确，家具可以选择以实用为主，也可以摆放少量充满设计感的家具，来增添情趣感。两人空间也需要更多的收纳空间，在设计时应当有所考虑。因此，新婚夫妇的居室可以选择大胆创新的现代时尚风格和简洁轻奢的新欧式风格，来设计自己的房屋。

▲ 色彩丰富的现代时尚风格，能够增添生活情趣

▲ 精致简洁的新欧式风格融合了清雅与硬朗，能够增添生活情趣

三口之家

　　三口之家的室内设计中，首先考虑到客厅。客厅是整个家庭的中心，也是一个家的门面，温馨的室内设计不仅使户主感到舒适和谐，而且让来到这个家的每个人都觉得舒适自然。另外，不同于新婚夫妇和单身人士，三口之家因为多了孩子，所以在设计上要充分考虑到孩子的活动和安全。

　　在进行室内设计时，尽量使用环保安全的装修材料，家具或装饰摆件尽量少使用玻璃、金属等容易伤害到孩子的材质。空间功能的划分要更加明确，整体家居的氛围也以实用和温馨为主。其中，对于儿童房的设计，可以根据孩子爱好和性格，在设计中融入喜爱的童话故事或英雄人物。因此，三口之家的房屋风格选择可以是多样的，但尽量以温馨和实用为主题，装饰上可以不必过于精美，但一定要实用耐看。

▲ 绿色系美式乡村风格充满自然、明朗的氛围

▲ 原木家具与棉麻布艺为主的韩式风格，舒适而又环保

男孩房和女孩房搭配的不同

　　（1）男孩房会出现如铁艺、不锈钢等冷制新型材料；女孩房很少使用冷材质，基本出现在工艺装饰品或灯具上。

　　（2）男孩房多用横平竖直的线条搭配；女孩房会出现曲线线条。图案上，卡通形象和自然景物均适用于两种房间搭配，但男孩房会出现数字图案和几何图案。

　　（3）男孩房暖色调占据空间的比例较小，常见黄色、红色；女孩房往往以粉色、米白色占据空间配色的较大比例。

▲ 热情活泼的男孩房

▲ 甜美梦幻的女孩房

四世同堂

　　四世同堂的室内设计对房屋的功能设计要求较高，既要满足互相关照也要能有自己独立的空间。由于四代人的审美及生活观念都不相同，在设计上要满足所有人的要求并不容易，年轻人喜欢个性些的设计，但老人喜欢的复古清雅的氛围，所以在设计时可以尽量选择中性色作为主基调，利用干净清爽的线条和复古精致的软装搭配，展现沉稳和时尚。

　　对于四世同堂的风格选择可以更有包容性，尽量满足个人的喜好。在保证空间整体基调不变的情况下，儿童房可以多使用明亮色彩的软装来装点，而老人房则可以多使用沉稳的棕色系来打造。但在材质及造型上同样也不能过于坚硬，尽量用柔软的布艺代替冷硬材质。

▲ 线条明晰、装饰小巧的现代美式风格，满足传统与现代的结合

▲ 新中式风格打破古典中式的沉闷感，融入现代装饰，增添了时尚感

▲ 老人房可以使用色调不太暗沉的温暖色彩，表现出亲近、祥和的感觉

分析风格设计，敲定心仪居所

室内装修风格多样各异，除了要了解风格之间的区别，还要根据自身喜恶、房屋情况和实际功能性来综合选择。这样业主才能选择出适合自己的家居风格，不会因此而盲目被动。提前明确家居装修风格，能够为业主节省许多精力与资金。

现代风格

1. 设计理念

现代风格即现代主义风格，现代主义也称功能主义，提倡突破传统，创造革新，重视功能和空间组织，注重发挥结构构成本身的形式美，造型简洁，反对多余装饰，崇尚合理的构成工艺；尊重材料的特性，讲究材料自身的质地和色彩的配置效果；强调设计与工业生产的联系。现代风格具有时代特色，其装饰体现功能性和理性，在简单的设计中，也可以感受到个性化的构思。材料一般用人造装饰板、玻璃、皮革、金属、塑料等，用直线表现现代的功能美。

2. 配色表现

（1）对比色。现代风格的用色特征为使用非常强烈的对比色彩效果，创造出特立独行的个人风格。可以采用不同颜色的涂料与客厅的家具、配饰等形成对比，打破客厅原有的单调。一般来说，富有现代感的客厅如果选用明快的对比色彩，可以令整个客厅尽显时尚与活泼。

▲ 卧室整体色彩跳跃，使空间呈现出无尽的活力

（2）无彩色。现代风格的家居中也可以选择将色彩简化到最少的程度，如采用黑色、白色、灰色展现出现代风格的明快及冷调，可以选择三种色彩中的一种颜色作为背景色，另外两种搭配使用，最终达成整洁利落的家居环境，这样的无彩色最能表现现代风格的畅意淋漓。

▲ 白色与灰色拼接的地毯，用白色顶面柔和了空间色调，不显冷漠

3. 材质选用

（1）**不锈钢**。不锈钢不仅具有很高观赏价值，而且在灯光的配合下，还可形成晶莹明亮的高光部分，对空间环境的效果起到强化和烘托的作用，因此，很符合现代风格追求创造革新的需求。

> 不锈钢茶几反射灯光作用，可取得与周围环境中的各种色彩、景物交相辉映的效果

（2）**玻璃**。玻璃饰材的出现，让人在空灵、明朗、透彻中丰富了对现代主义风格的视觉理解。同时，它作为一种装饰效果突出的饰材，可以塑造空间与视觉之间的丰富关系。

> 玻璃镜面起到装饰作用的同时，也使餐厅视觉空间扩大，不显拥挤

（3）**大理石**。在现代风格的家居中，往往会选择大理石来装饰，比如，大理石地砖铺贴地面、大理石电视背景墙、大理石厨房台面等。因为大理石的种类很多，在选购时要注意和家居的整体色彩相协调。

> 大理石吧台质感突出，充满现代风格的设计感

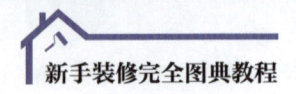

4. 家具装饰

（1）**造型茶几**。在现代风格的客厅中，除了运用材料、色彩等技巧营造格调之外，还可以选择造型感极强的茶几作为装点的元素。此种手法不仅简单易操作，还能大大地提升房间的现代感。在材质方面，玻璃与金属材质最能体现风格特征。

（2）**板式家具**。板式家具简洁明快，新潮，布置灵活，价格容易选择，是家具市场的主流。而现代风格追求造型简洁的特性使板式家具成为此风格的最佳搭配，其中以茶几和电视背景墙的装饰柜为主。

（3）**抽象艺术画**。抽象画与自然物象极少或完全没有相近之处，而又具强烈的形式构成，因此比较符合现代风格的居室。将抽象画搭配现代风格家装，不仅可以提升空间品位，还可以达到释放整体空间感的效果。

（4）**时尚灯具**。现代风格居室中的灯具除了具备照明的功能外，更多的是装饰作用。灯具采用金属、玻璃及陶瓷制品作为灯架，在设计风格上脱离了传统的局限，再加上个性化的设计，完美的比例分割，以及自然、质朴的色彩搭配，可以塑造出独具品位的个性化的居室空间。

家具	造型家具	线条简练的板式家具	大理石台面
灯具	不锈钢落地灯	不规则吊灯	几何造型吊灯
装饰品	造型花瓶	玻璃制品	抽象艺术画

5. 形状图案

（1）几何构造。现代风格客厅中除了横平竖直的方正空间外，如果将空间打造成圆形、弧形等，可以令空间充满造型感，体现现代风格的创新理念。因几何图形其本身具有的图形感，所以也可以成为现代风格的居室中装饰设计的最佳助手。

几何造型书桌为卧室带来强烈的现代感

（2）点线面组合。点线面的组合在现代风格的居室中运用十分广泛，它不仅体现在平面构成里，立体构成和色彩构成也都能体现出点线面的关系。需要注意的是，线需要点来点缀，才能灵活多变；但点多了就会感觉散，面多了就会感觉板，线多了就会感觉乱，因此，在居室设计中，这些元素要灵活组合。

吊顶与墙面充分运用点线面造型，既具特性美，又不显突兀

简约风格

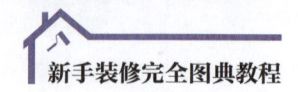

1. 设计理念

简约风格体现在设计上的细节把握。对比是简约装修中惯用的设计方式，这种方式是艺术设计的基本定型技巧，它把两种不同的事物、形体、色彩等做对照，如，方与圆、新与旧、大与小、黑与白、深与浅、粗与细等，通过把两个明显对立的元素放在同一空间中进行设计的手法，使其既对立又和谐，既矛盾又统一，在强烈反差中获得鲜明对比，求得互补和满足的效果。简约风格用流行色来装点空间，突出流行趋势。此外，选择浅色系的家具，使用白色、灰色、蓝色、棕色等自然色彩，结合自然主义的主题，设计灵活的多功能家居空间，这也是简约风格的精髓。

2. 配色表现

（1）高纯度色系。色彩纯度是指原色在色彩中所占据的百分比；而原色是指不能通过其他颜色混合调配得出的"基本色"。高纯度的色彩即是指在基础色中不加入或少加入中性色而得出的色彩。以蓝色为例，向纯蓝色中加入一点白色，纯度下降，继续加入白色，颜色就会越来越淡；反之，加入黑色或灰色，则相应的纯度也会下降。

在白色主体的简约空间里，明亮的橙色墙面使人眼前一亮

（2）黑色+白色。在简约风格的居室中，用白色加黑色的色彩搭配方法，也是经常会用到的。具体来说，面积稍大的客厅可以令白色装饰的面积占据整体空间面积的80%~90%，黑色只占10%~20%即可；面积低于20m²的客厅，则可以将黑色装饰扩大到占整体面积30%，白色占70%。此外，也可以用60%的黑搭20%的白、20%的灰，这样的搭配更显优雅气质。

白色的墙面，黑色的家具使空间素净而不空洞

第 5 章

从喜好选定风格，构建专属之家

3. 材质选用

（1）**纯色涂料**。用纯色涂料来装点简约风格的家居，不仅能将空间塑造得十分干净、通透，又方便打扫，可谓一举两得。

> 灰色墙面化解了深色地板带来的沉闷，使儿童房不过于单调

（2）**釉面砖**。釉面砖造型简单，色泽可分为亮光和亚光，其光滑洁净的质感与简约风格设计特点相统一。

> 光亮釉面砖不仅装饰效果突出，也方便清洁

（3）**条纹壁纸**。简约风格的家居追求简洁的线条，因此，素色的条纹壁纸是其装饰材料的绝佳选择。其中，横条纹壁纸有扩展空间的作用；而竖条纹壁纸可以令层高较低的空间显得高挑，避免压抑感。

> 竖条纹壁纸有增加空间层高的作用

045

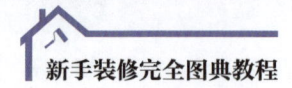

4. 家具装饰

（1）**多功能家具**。多功能家具是一种在具备传统家具初始功能的基础上，实现更多新设功能的家具类产品，是对家具的再设计。例如，在简约风格的居室中，选择可以用作床的沙发、具有收纳功能的茶几和岛台等，这些家具为生活提供了便利。

（2）**纯色地毯**。质地柔软的地毯常常被用于各种风格的家居装饰中，而简约风格的家居追求简洁的特性，因此在地毯的选择上，最好选择纯色地毯，这样就不用担心过于花哨的图案和色彩与整体风格冲突，而且对于每天都要看到的软装来说，纯色的也更加耐看。

家具	直线条家具	带有收纳功能的家具	多功能组合家具

灯具	鱼线吊灯	铁艺三脚架落地灯	吸顶灯

装饰品	黑白装饰画	金属果盘	艺术造型工艺品

5. 形状图案

（1）直线。线条是空间风格的架构，简洁的直线条最能表现出简约风格的特点。要塑造简约空间风格，一定要先将空间线条重新整理，整合空间中的垂直线条，讲求对称与平衡；不做无用的装饰，呈现出利落的线条，让视觉不受阻碍地在空间中延伸。

空间中基本上皆是横平竖直的线条，令视线十分舒畅

（2）大面积色块。简约风格装修追求的是空间的灵活性及实用性，在设计上，要根据空间之间相互的功能关系而相互渗透，让空间的利用率达到最高。其中，划分空间的途径不一定局限于硬质墙体，还可以通过大面积的色块来进行划分，这样的划分具有很好的兼容性、流动性及灵活性；另外，大面积的色块也可以用于墙面、软装等地方。

将墙面涂刷成绿色，不仅可以丰富空间层次，还能对空间进行划分

北欧风格

1. 设计理念

北欧风格以简洁著称于世，并影响到后来的"极简主义""后现代"等风格。常用的装饰材料主要有木材、石材、玻璃和铁艺等，都无一例外地保留这些材质的原始质感。在家庭装修方面，室内的顶、墙、地六个面，完全不用纹样和图案装饰，只用线条、色块来区分点缀。同时，北欧风格的家居，以浅淡的色彩、洁净的清爽感，让居家空间得以彻底降温。

2. 配色表现

（1）浅色 + 木色。北欧风格的家居在用色上偏爱浅色调，这些浅色调往往要和木色相搭配，创造出舒适的居住氛围，也体现出北欧风格自然与素雅的氛围。

> 白色系的卧室空间中运用木色床头做点缀，充满了自然气息

（2）色彩点缀。由于北欧风格中会大量使用黑白灰这类无彩色，因此，整个家居环境会显得比较理性。为了避免单调感，可以采用冷暖色彩来作为色彩点缀，以丰富空间色彩层次。

> 黄色点缀使客厅整体变得更有活力，不显得单调

3. 材质选用

（1）**天然材料**。天然材料是北欧风格室内装修的灵魂，如，木材、板材等，其本身所具有的柔和色彩、细密质感以及天然纹理，非常自然地融入到家居设计之中，展现出一种朴素、清新的原始之美，代表着独特的北欧风格。

（2）**白色砖墙**。白色砖墙不仅保留了原始的质感，也为空间增加了活力。同时，其本身的白色，无声地吻合了北欧风格的特点，塑造出干净、整洁的家居容颜。

> 白色砖墙和原木餐桌椅凸显了北欧风格格调

4. 家具装饰

（1）**符合人体曲线的家具**。"以人为本"是北欧家具设计的精髓。北欧家具不仅追求造型美，更注重从人体结构出发，讲究它的曲线如何在与人体接触时达到完美的结合。它打破了工艺、技术僵硬的理念，融进人的主体意识，从而变得充满理性。

（2）**照片墙**。在北欧风格中，照片墙的出现频率较高，其轻松、灵动的身姿可以为北欧家居带来律动感。有别于其他风格的是，北欧风格中的照片墙、相框往往采用木质，这样才能和本身的风格达到协调统一。

家具	伊姆斯特椅	伊姆斯特椅	布艺+木框架沙发

灯具	魔豆灯	金属灯罩灯	钓鱼灯

装饰品	相框组合	药瓶装饰花瓶	鹿头壁挂

5. 形状图案

（1）**流畅的线条**。北欧家居风格以简约著称，注重流畅的线条设计，代表了一种回归自然、崇尚原始的韵味，外加现代、实用、精美的艺术设计，反映出现代都市人进入新时代的某种取向与旋律。

（2）**曲线条纹**。由于北欧风格的家居在线条上注重简洁、流畅，因此，曲线条纹图案在家居空间较常出现，既吻合北欧风格的特点，又具备一定的装饰性，可谓一举两得。

第 5 章

从喜好选定风格，构建专属之家

🔲 工业风格

1. 设计理念

　　工业风格是一种在形式上对现代主义进行修正的设计思潮与理念，常在室内设置夸张、变形的柱式和断裂的拱券，或把古典构件的抽象形式以新的手法组合在一起，即采用非传统的混合、叠加、错位、裂变等手法和象征、隐喻等手段来塑造室内环境。

2. 配色表现

　　没有主次之分的色调。工业家居一反色彩的配置规则，色调之间往往没有主次之分，生产一种特有、新奇的视觉效果；也常用相似色彩设计家居环境，令人分不清家中的主角色。

> 墙面与地板为临近色调，形成协调的视觉效果

3. 材质选用

（1）水泥。工业风格多用水泥或清水模做墙面和天花板，灰色的粗犷与斑驳，可以令居室有种原始回归的美感。

> 水泥墙地顶充满硬朗的氛围，十分适合工业风格

（2）红砖。裸露的红砖墙在工业风格的家居中十分常见，能凸显出质朴、粗犷的工业风气质。另外，红砖之上还能进行粉刷，不都能带给室内一种老旧却又摩登的视觉效果。

> 大面积的红砖墙凸显出粗犷豪放的工业风气质

（3）金属。金属是一种强韧又耐久的材料，在工业家居中，金属家具、金属装饰墙较为常见，与木质或皮质家具混搭，可以凸显出工业风格的工业精神。

> 金属家具与木制家具搭配，呈现不一样的视觉效果

4. 家具装饰

（1）金属材质的家具。金属是一种强韧又耐久的材料，从工业革命开始，人类的生活中就不断出现金属制的生活用品。在工业风格的家居中，金属材质的家具运用广泛，其中椅子是最

容易出效果的家具，因此成为运用较多的家具。但是，由于金属风格过于冷调，可以将金属与木质或皮质家具做混搭，既能保留家中温度，又不失粗犷感。

（2）**暴露的管线**。工业风格不刻意隐藏各种水电管线，并将其化为室内的视觉元素之一，这种颠覆传统的装潢方式往往也是最吸引人之处。可采用水管风格的装饰物，如，书架、灯饰等。

（3）**兽头装饰**。工业风喜爱使用羊头、牛头等装饰物件进行搭配，从而打造出粗犷、豪放的空间氛围，因此，兽头装饰是工业风的装饰表达重点。

家具	皮质沙发	tolix 金属椅	铁艺休闲椅
灯具	创意魔豆灯	裸露的灯泡	铁艺吊灯
装饰品	机械动物头摆件	做旧风扇挂钟	旧木花器

5. 形状图案

（1）**扭曲／不规则线条**。工业风格最擅长用扭曲或者不规则的线条来塑造空间表情，这样的线条既可以用于空间构成上，也可以用于空间平面的设计中，令家居环境呈现出个性化的特质。

（2）**怪诞型图案**。工业家居的图形图案非常具有个性，其中颠覆传统的怪诞型图案应用广泛，为家居环境带来无尽的创意，成为室内的视觉元素之一。

中式古典风格

1. 设计理念

中式古典风格是以宫廷建筑为代表的中国古典建筑的室内装饰设计艺术风格。其布局设计严格遵循均衡对称原则，家具的选用与摆放是其中最主要的内容。传统家具多选用名贵硬木精制而成，一般分为明式家具和清式家具两大类。中式风格的墙面装饰可简可繁，华丽的木雕制品及书法绘画作品均能展现传统文化的人文内涵，是墙饰的首选；通常使用对称的隔扇或月亮门状的透雕隔断分隔功用空间；陶瓷、灯具等饰品一般成双使用并对称放置。

2. 配色表现

（1）中国红。红色对于中国人来说象征着吉祥、喜庆，传达着美好的寓意。在中式古典风格的家居中，这种鲜艳的颜色被广泛用于室内色彩之中，代表着主人对美好生活的期许。

> 红色系的空间呈现出典雅的中式风情

（2）黄色系。黄色系在古代作为皇家的象征，如今也广泛地用于中国古典风格的家居中；并且，黄色有着金色的光芒，象征着财富和权力，是骄傲的色彩。

> 黄色系软装的运用，令家居呈现出皇室的气派感

3. 材质选用

中式古典风格的主要特征为气势恢宏、沉稳大气，在材料的选择上应以质朴、厚重来吻合家居主体风格。其中，木材是中式古典风格中的主要建材，其天然的质感与色泽，可以充分凸显出中式特征。另外，青砖、中式花纹壁纸等，也是塑造风格的好帮手。

4. 家具装饰

（1）**明清家具**。明清家具同中国古代其他艺术品一样，不仅具有深厚的历史文化艺术底蕴，而且具有典雅、实用的功能。可以说在中式古典风格中，明清家具是一定要出现的元素。

（2）**案类家具**。案类家具形式多种多样，造型比较古朴方正。由于案类家具被赋予了一种高洁、典雅的意蕴，因此，摆设于室内成为一种雅趣，是一种非常重要的传统家具，更是鲜活的点睛之笔。

（3）**榻类家具**。榻也是中国古时家具的一种，狭长而较矮，比较轻便。也有稍大而宽的卧榻，可坐可卧，是古时常见的木质家具。榻的材质多种，普通硬木和紫檀黄花梨等名贵木料皆可制作。榻面也有加藤面或其他材质。

（4）**挂落**。挂落是中国传统建筑中额枋下的一种构件，常用镂空的木格或雕花板做成，也可由细小的木条搭接而成，用作装饰或同时划分室内空间。因为挂落有如装饰花边，可以使室内空阔的部分产生变化，出现层次，具有很强的装饰效果。

（5）**木雕花壁挂**。在中式古典风格的家居中，木雕花壁挂的运用也比较广泛。这种装饰具有文化韵味和独特风格，可以体现出中国传统家居文化的独特魅力。

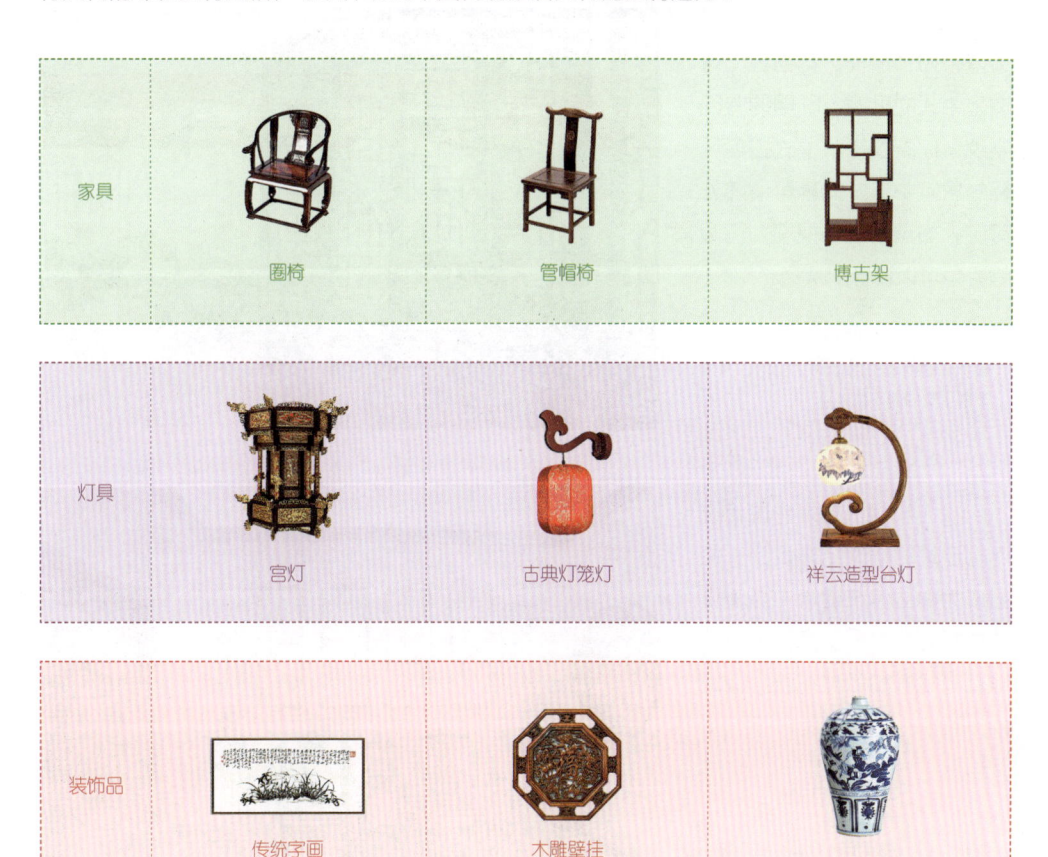

家具	圈椅	官帽椅	博古架
灯具	宫灯	古典灯笼灯	祥云造型台灯
装饰品	传统字画	木雕壁挂	瓷器

5. 材质选用

（1）垭口。垭口为不安装门的门口，简单说，就是没有门的框。随着人们对居住空间宽敞性和开放性的喜爱与追求，垭口越来越频繁地将门在家中的位置取代，演变出了另一种空间分割的方式。

> 中式古典风格的家居中，设计一个富有中国特色的垭口，可以提升空间的整体格调 ▶

（2）镂空类造型。镂空类造型（如，窗棂、花格等）可谓是中式的灵魂，常用的有回字纹、冰裂纹等。中式古典风格的居室中这些元素可谓随处可见，如运用于电视墙、门窗等，也可以设计成屏风。

> 镂空隔断的运用既分隔了空间，又丰富了空间的表情 ▶

（1）窗棂。棂是中国传统木构建筑的框架结构设计，使窗成为中国传统建筑中最重要的构成要素之一。窗棂上往往雕刻有线槽和各种花纹，构成种类繁多的优美图案。

> 窗棂令居室具有丰富的层次感，也能立刻为居室增添古典韵味

新中式风格

1. 设计理念

新中式风格是作为传统中式家居风格的现代生活理念，通过提取传统家居的精华元素和生活符号进行合理的搭配、布局，在整体的家居设计中，既有中式家居的传统韵味，又更多地符合了现代人居住的生活特点。"新中式"风格不是纯粹的元素堆砌，而是通过对传统文化的认识，将现代元素和传统元素结合在一起，以现代人的审美需求来打造富有传统韵味的事物，让传统艺术的脉络传承下去。

2. 配色表现

（1）吊顶颜色浅于地面与墙面。由于新中式风格较为注重色彩上的和谐，因此，像吊顶、地面与墙面的色彩运用，也成为不可忽视的因素。整个房间的颜色应该下深上浅，这样才不会给人头重脚轻和压抑的感觉。

> 白色的中式线条吊顶，浅于墙面与地面的色彩使空间看起来具有沉稳感

（2）白色+黑色+灰色。新中式讲究的是色彩自然和谐的搭配，因此，在对居室进行设计时，需要对空间色彩进行通盘考虑。经典的配色是以黑、白、灰、棕色为基调；在这些主色的基础上，可以用皇家住宅的红、黄、蓝、绿等作为局部色彩。

> 整体白色系的家居中，用黑色系地毯与黑灰白水墨画做装饰，形成色彩上的和谐

3. 材质选用

新中式风格与中式古典风格不同，因其结合式的特点，在中式古典风格中很少应用的石材却可以应用在此。新中式家居中的石材选择没有什么限制，各种花色均可以使用，浅色温馨大气一些，深色则古典韵味浓郁。

新中式风格的取材源于自然

新中式风格的主材往往取材于自然，如用来代替木材的装饰面板、石材等，尤其是装饰面板，最能够表现出浑厚的韵味。但也不必拘泥，只要熟知材料的特点，并能够在适当的地方用适当的材料，即使是玻璃、金属等，一样可以展现新中式风格。

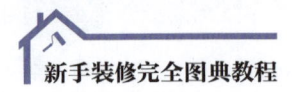

4. 家具装饰

（1）**线条简练的中式家具**。新中式的家居风格中，庄重繁复的明清家具的使用率减少，取而代之的是线条简单的中式家具，体现了新中式风格既遵循着传统美感，又加入了现代生活简洁的理念。

（2）**现代家具+清式家具**。现代家具与清式家具的组合运用，也能弱化传统中式居室带来的沉闷感，使新中式风格与古典中式风格得到有效的区分。另外，现代家具所具备的时代感与舒适度，也能为居者带来惬意的生活感受。

（3）**仿古灯**。中式仿古灯与精雕细琢的中式古典灯具相比，更强调古典和传统文化神韵的再现。图案多为清明上河图、如意图、龙凤、京剧脸谱等中式元素，其装饰多以镂空或雕刻的木材为主，宁静而古朴。

（4）**茶案**。在中国古代的史料中，就有茶的记载，而饮茶也成为中国人喜爱的一种生活形式。在家居空间中摆放上一个茶案，无论是闲暇时光的独自品茗，还是三五好友之间的品茶论茶，无不传递一种雅致的生活态度。

家具	线条简练的中式家具	无雕花架子床	布艺罗汉床
灯具	仿古台灯	水墨画吊灯	铁艺灯笼吊灯
装饰品	桌旗	小型茶案	中式花艺

5. 形状图案

（1）梅兰竹菊。"梅、兰、竹、菊"用于新中式的居室内是一种隐喻，借用植物的某些生态特征，赞颂人类崇高的情操和品行。竹有"节"，寓意人应有"气节"；梅、松耐寒，寓意人应不畏强暴、不怕困难。这些元素用于新中式的家居中，将中式古典的思想作为延续与传承。

> 梅兰竹菊图案彰显居住者美好情操

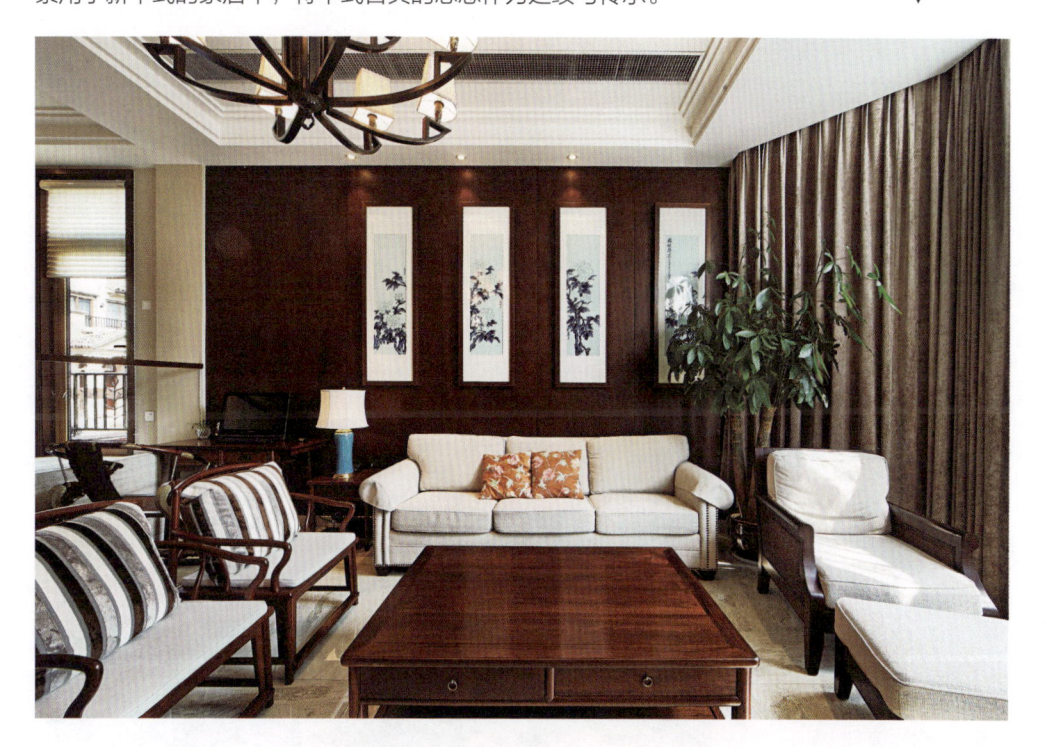

（2）方与圆的对比。新中式的家居中会经常出现圆形与方形的对比设计，体现出天圆地方的东方文化中的审美。一般会运用在窗户与墙，或门与墙的对比设计中；一些软装饰品也会用到方与圆的对比。

> 门与墙的对比，尽显刚柔并济

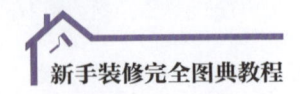

欧式古典风格

1. 设计理念

欧洲古典风格在经历了古希腊、古罗马的洗礼之后,形成了以柱式、拱券、山花、雕塑为主要构件的石构造装饰风格。空间上追求连续性,追求形体的变化和层次感。室内外色彩鲜艳,光影变化丰富;室内多用带有图案的壁纸、地毯、窗帘、床罩及帐幔以及古典式装饰画或物件;为体现华丽的风格,家具、门、窗多漆成白色,家具、画框的线条部位饰以金线、金边。欧式古典风格追求华丽、高雅,典雅中透着高贵,深沉里显露豪华,具有很强的文化韵味和历史内涵。

2. 配色表现

(1)黄色/金色。在色彩上,欧式古典风格经常运用明黄、金色等古典常用色来渲染空间氛围,可以营造出富丽堂皇的效果,表现出古典欧式风格的华贵气质。

整体黄色系的空间显示出欧式古典风格的富贵气质

(2)红棕色系。实木地板与护墙板在欧式古典风格中的大量运用,致使红棕色系成为其风格中的常见配色,体现出古典风格的厚重与沉稳气质。

棕色床头背景墙与家具充满古典大气之感

第 5 章

从喜好选定风格，构建专属之家

3. 材质选用

（1）石材拼花。石材拼花在欧式古典家居中被广泛应用，以其石材的天然美加上艺术构想而拼出一幅幅精美的图案，体现出欧式古典风格的雍容与大气。

> 地面使用大理石材，拼接出精美的图案，使客厅整体变得古典优雅

（2）护墙板。护墙板又称墙裙、壁板，一般采用木材等为基材。护墙装饰板具有防火、造价低廉、使用安全、维护保养方便等优点，被广泛地应用于欧式古典风格的家居中。

> 卧室床头使用护墙板装饰显得富贵而又华丽

（3）软包。软包是一种在室内墙表面加以包装的装饰方法，所使用的材料往往质地柔软、色彩柔和，能够柔化整体空间的氛围，其纵深的立体感亦能提升家居档次。

> 软包背景墙与软包床头搭配得恰到好处

061

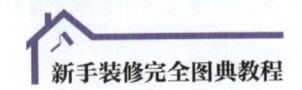

4. 家具装饰

（1）兽腿家具。欧式古典风格的家居中，往往会选择兽腿家具。其繁复流畅的雕花，可以增强家具的流动感，也可以令家居环境更具质感，更表达了一种对古典艺术美的崇拜与尊敬。

（2）欧式四柱床。四柱床起源于古代欧洲贵族，他们为了保护自己的隐私，便在床的四角支上柱子，挂上床幔，后来逐步演变成利用柱子的材质和工艺来展示主人的财富。因此，在古典欧式风格的卧室中，四柱床的运用非常广泛。

（3）水晶吊灯。在欧式古典风格的家居空间里，灯饰设计应选择具有西方风情的造型，比如水晶吊灯。这种吊灯给人以奢华、高贵的感觉，很好地传承了西方文化的底蕴。

（4）罗马帘。罗马帘是窗帘装饰中的一种，将面料贯穿横竿，使面料质地显得硬挺，充分发挥了面料的质感。罗马帘的种类很多，其中欧式古典罗马帘是自中间向左右分出两条大的波浪形线条，是一种富于浪漫色彩的款式，其装饰效果非常华丽，可以为家居增添一份高雅古朴之美。

家具	兽腿家具	床尾凳	贵妃沙发椅
灯具	水晶吊灯	蜡烛造型吊灯	水晶台灯
装饰品	壁炉	雕像	油画

5. 形状图案

欧式门套作为门套风格的一种，是欧式古典风格的家中经常用到的元素。因为欧式古典风格本身就是奢华与大气的代表，只有用精工细做的欧式门套才能彰显出这份气质。

第 5 章

从喜好选定风格，构建专属之家

🏛 新欧式风格

1. 设计理念

新欧式风格在保持现代气息的基础上，变换各种形态，选择适宜的材料，再配以适宜的颜色，极力让厚重的欧式家居体现一种别样奢华的"简约风格"。在新欧式风格中，不再追求表面的奢华和美感，而是更多地解决人们生活的实际问题。在色彩上，多选用浅色调，以区分古典欧式因浓郁的色彩而带来的庄重感；而线条简化的复古家具也是用以区分古典欧式风格的最佳元素。

2. 配色表现

（1）白色/象牙白。新欧式风格不同于古典欧式风格喜欢用厚重、华丽的色彩，而是常常选用白色或象牙白做底色，再糅合一些淡雅的色调，力求呈现出一种开放、宽容的非凡气度。

> 大面积白色家居搭配石材地面，通透而明亮

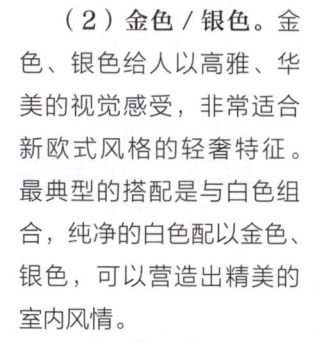

（2）金色/银色。金色、银色给人以高雅、华美的视觉感受，非常适合新欧式风格的轻奢特征。最典型的搭配是与白色组合，纯净的白色配以金色、银色，可以营造出精美的室内风情。

> 金色描边扶手椅带来精美的视觉亮点

3. 材质选用

（1）石膏板工艺。石膏板吊顶是家装中较为常见的装饰手法之一，因其表现形式灵活，造型多变，而受到很多业主的欢迎。

客厅吊顶使用石膏板装饰出精美造型，视觉上更有层次感▶

（2）花纹壁纸。不同于其他风格的是，新欧式风格中的壁纸一般选用独具特色的欧式花纹，这种花纹线条雍容、繁复，可以体现出欧式风格的华贵感。

线条优美、花纹优雅的装饰壁纸，不显庸俗反而更有精致韵味▶

（3）硬包。硬包与软包相对应，是指直接在基层木工板上做所需造型板材，边做成45°斜边，再用布艺或皮革装饰表面，在新欧式风格中常以背景墙的形式出现。

沙发背景墙利用硬包和装饰画组合搭配装点墙面，丰富了空间表现▶

4. 家具装饰

（1）**线条简化的复古家具**。新欧式家具在古典家具设计师求新求变的过程中应运而生，是一种将古典风范与个人的独特风格和现代精神结合起来改良的一种线条简化的复古家具，使新欧式家居呈现出多姿多彩的面貌。

（2）**绒布高背椅**。高背椅是欧式风格的一个特色。在新欧式风格的家居中，一般会采用高档绒布面料的高背椅用于餐厅之中，其简洁化的造型，减少了古典气质，增添了现代情怀，充分将时尚与典雅并存的气息流于家居生活空间。

（3）**欧风茶具**。欧式茶具不同于中式茶具的素雅、质朴，而呈现出华丽、圆润的体态，用于新欧式风格的家居中，不仅可以提升空间的美感，而且闲暇时光还可以用其喝一杯香浓的下午茶，可谓将实用与装饰结合得恰到好处。

（4）**帐幔**。帐幔具有很好的装饰效果，可以为居室带来浪漫、优雅的氛围，放下来时还会形成一个闭合或半闭合的空间，颇有神秘感。

家具	线条简化的兽腿家具	描金边家具	软包椅

灯具	花朵吊灯	全铜壁灯	水晶台灯

装饰品	欧式茶具	玻璃盒	装饰镜

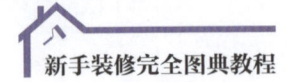

5. 形状图案

（1）装饰线。装饰线是指在石材、板材的表面或沿着边缘开的一个连续凹槽，用来达到装饰目的或突出连接位置。在新欧式风格的家居中，装饰线的使用可以为居室带来更加丰富的视觉效果。

> 装饰线的运用更添居室的精致之美
> ▼

（2）对称布局。新欧式风格的家居中，室内布局多采用对称的手法来达到平衡、比例和谐的效果。另外，对称布局还可以使室内环境看起来整洁而有序，又与新欧式风格的优美、庄重感联系在一起。

> 对称布局的空间呈现出一种平衡之美
> ▼

美式乡村风格

1. 设计理念

美式乡村风格在室内环境中力求表现悠闲、舒畅、自然的乡村生活情趣，也常运用天然木、石等材质。美式乡村注重家庭成员间的相互交流，注重私密空间与开放空间的相互区分，注重家具和日常用品的实用和坚固。家具颜色多仿旧漆，式样厚重；设计中，多有地中海样式的拱门。美式乡村风格摒弃了繁琐和豪华，并将不同风格中优秀元素汇集融合，以舒适为向导，强调"回归自然"。

2. 配色表现

（1）棕色系／橡胶色。此类色彩是接近泥土的颜色，常被联想到自然、简朴，意味着收获的时节，因此被广泛地运用于美式乡村风格的家居中。此外，这种色彩还会给人带来安全感，有益于健康。

> 整体棕色系的客厅十分沉稳，给人以质朴的空间感受

（2）绿色系。美式乡村风格追求自然的韵味，怀旧、散发浓郁泥土芬芳的色彩是其典型特征。其中，绿色系最能体现大自然所表现出的生机盎然气息，无论是运用于家居中的墙面装饰，还是运用在布艺软装上，无不将自然的情怀表现得淋漓尽致。

> 绿色系的墙面令整个空间充满了自然气息

3. 材质选用

（1）自然裁切的石材。自然裁切的石材既能彰显出乡村风格材料的选择要点，即天然材料；而自然裁切的特点又能体现出该风格追求自由、原始的特征。

> 用自然裁切的石材装点墙面，可以丰富空间的表情，并且增添自然风情

（2）砖墙。美式乡村风格属于自然风格的一支，倡导"回归自然"。红色的砖墙在形式上古朴自然，与美式乡村风格追求的理念相一致，独特的造型亦可为室内增加一抹亮色。

> 用红砖拼成的世界地图，造型感十足又不失创意

（3）硅藻泥墙面。硅藻泥是一种天然环保内墙装饰材料，在美式乡村风格的居室内用硅藻泥涂刷墙面，既环保，又能为居室创造出古朴的氛围。

> 硅藻泥墙面既环保，又充分体现出美式乡村风格

4. 家具装饰

（1）粗犷的木家具。美式乡村风格的家具主要以殖民时期的为代表，体积庞大，质地厚重，坐垫也加大，彻底将以前欧洲皇室贵族的极品家具平民化，气派而且实用。主要使用可就地取材的松木、枫木，不用雕饰，仍保有木材原始的纹理和质感，还刻意添上仿古的瘢痕和虫蛀的

痕迹，创造出一种古朴的质感，展现原始粗犷的美式风格。

（2）**做旧处理的沙发**。美式乡村风格的沙发体形庞大，实木靠背常雕刻复杂的花纹造型，并有意给实木的漆面做旧，产生古朴的质感。

（3）**自然风光的油画**。在美式乡村家居中，多会选择一些大幅的自然风光的油画来装点墙面。其色彩的明暗对比可以产生空间感，适合美式乡村家居追求阔达空间的需求。

（4）**绿叶盆栽**。美式乡村风格的家居配饰多样，非常重视生活的自然舒适性，突出格调清婉惬意，外观雅致休闲。其中，各种繁复的绿色盆栽是美式乡村风格中非常重要的装饰运用元素，其风格非常善于利用设置室内绿化来创造自然、简朴、高雅的氛围。

（5）**铁艺灯**。铁艺灯的主体是由铁和树脂两部分组成，铁制的骨架能使它的稳定性更好，树脂能使它的造型塑造得更多样化，还能起到防腐蚀、不导电的作用。铁艺灯的色调以暖色调为主，这样就能散发出一种温馨柔和的光线，更能衬托出美式乡村家居的自然与拙朴。

家具	粗犷的木家具	真皮复古沙发	斗柜
灯具	铁艺吊灯	鹿角灯	金属风扇灯
装饰品	锦鸡摆件	大型绿植	自然风光油画

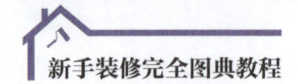

5. 形状图案

（1）圆润的线条。美式乡村风格的居室一般要尽量避免出现直线，经常采用像地中海风格中常用的拱形垭口，其门、窗也都圆润可爱，这样的造型可以营造出美式乡村风格的舒适和惬意感觉。

> 拱形的窗户和曲线线条的家具造型圆润，带来柔和的观感

（2）鹰形图案／花鸟鱼虫图案。美式乡村风格常会出现花鸟鱼虫等图案，以此来增加自然的乡村感。其中象征着爱国主义的鹰形图案常被广泛地运用于装饰中，为空间增加美式乡村风情。

> 鹦鹉图案的靠枕及花鸟壁纸充分体现出美式乡村风格

从喜好选定风格，构建专属之家

现代美式风格

1. 设计理念

现代美式风格来源于美式乡村风格，并在此基础上做了简化设计。空间强调简洁、明晰的线条，家具也秉承了这一特点，使空间呈现出更加利落的视觉观感。另外，现代美式风格和美式乡村风格相比，在装饰品的选择上更加精致、小巧。

2. 配色表现

（1）比邻配色。比邻配色最初的设计灵感来源于美国国旗，基色由国旗中的蓝、红两色组成，具有浓厚的民族特色。另外，这种对比强烈的色彩可以令家居空间更具视觉冲击，有效提升居室活力。除了蓝、红搭配，现代美式风格还衍生出另一种比邻配色，即红、绿色搭配，配色效果同样引人入胜。

蓝色皮质沙发与红色装饰画形成强烈的对比，使客厅更有视觉冲击

（2）旧白色+木色。现代美式一般会用大面积的旧白色为背景色，但家具色彩依然延续较为厚重的木色调。总体设计上也以表现悠闲、舒畅的生活情趣为宗旨。

整体旧白色基调，搭配木色家具，体现悠闲放松的生活氛围

3. 材质选用

（1）**棉麻布**。棉麻制品是美式风格中不可或缺的软装饰，不仅可以出现在窗帘、抱枕等传统布艺之中，也可以选择棉麻布罩灯具来装点空间。

棉麻沙发和地毯、窗帘，充满温馨柔和的触感 ▶

（2）**金属**。区别于美式乡村风格的大量使用粗犷的实木家具，现代美式风格则会出现金属材质，通过局部的点缀，更加突出现代感。

金属修饰的复古家具，散发现代与传统韵味 ▶

4. 家具装饰

（1）**线条简化的木家具**。木头材质传统自然，使用带有造型感的木质腿脚体现出现代美式家具在细节上的用心。而线条圆润的木家具，使空间看起来更加舒畅。

（2）**带铆钉的皮沙发**。皮沙发在一定程度上反映出美式风格的粗犷、原始，但在现代美式风格中，常会选用带有铆钉的皮沙发，不仅延续了厚重的风格特征，而且其金属元素带有强烈的现代气息，可以令空间更加具有时代特质。

（3）**麻绳吊灯**。麻绳吊灯粗狂中带有几分时髦，淳朴又复古，与现代美式风格追求潮流但不失传统感的诉求相得益彰。除了可以选购颜值颇高的麻绳吊灯，也可以自己动手制作一盏独具特色的麻绳灯，在家居布置中加入个人情怀。

（4）**小巧的花卉绿植**。现代美式风格的装饰品大多小巧、精致，因此在采用花卉绿植装点空间时，其体量也不宜过大，区分于美式乡村风格喜好大型盆栽的特点。

第 5 章

从喜好选定风格，构建专属之家

家具	弧形家具	铁艺家具	金属修饰的木家具

灯具	编藤吊灯	纯铜吊灯	棉麻布罩台灯

装饰品	公鸡摆件	铁艺装饰品	斑马装饰画

5. 形状图案

（1）直线+弧线。直线与弧线的搭配运用，可以令家居环境看起来富有变化性，其中带有造型感的家具细节设计也可以为现代美式风格的家居增色。

干净利落的顶面与圆润的墙面造型形成充满设计感的现代美式客厅

（2）乡村元素图案。现代美式风格喜欢用带有乡村风味的图案来装点空间，提炼于乡村的素材，带有浓厚的自然气息，摆放在空间中的任意地方，均能体现出乡野情趣。

花卉靠枕与自然装饰画带来了浓厚的乡野风情

073

混搭风格

1. 设计理念

混搭风格糅合东西方美学精华元素，将古今文化内涵完美地结合于一体，充分利用空间形式与材料，创造出个性化的家居环境。但混搭并不是简单地把各种风格的元素放在一起做加法，而是把它们有主有次地组合在一起。混搭是否成功，关键看是否和谐。中西元素的混搭是主流，其次，还有现代与传统的混搭。在同一个空间里，不管是"传统与现代"，还是"中西合璧"，都要以一种风格为主，靠局部的设计增添空间的层次。

2. 配色表现

用色彩来提亮混搭家居中的容颜，也是该风格惯用的设计手法。反差大的色彩可以在视觉上给人以冲击力，也可以令混搭家居的表情更为丰富。例如，可以选择低彩度的地面色彩，而打造高亮度的墙面。

利用颜色反差鲜明的装饰画来修饰中性色家居，令空间表情更加丰富

混搭风格的色彩搭配原则

混搭风格的色彩虽然可以出其不意，但搭配的前提条件依然是和谐。需要注意的是，虽然对比色也是混搭风格的常用配色手法，但如果家具和配饰都是古典风格（包括欧式古典和中式古典）的，那么各类纺织品一定不能选择对比色。

3. 材质选用

在混搭风格的家居中，材料的选择十分多元化，能够中和木头、玻璃、石头、钢铁的硬，调配丝绸、棉花、羊毛、混纺的软，将这些透明的、不透明的、亲和的、冰冷的等不同属性的东西层理分明地摆放和谐，就可以营造出与众不同的混搭风格的家居环境。比如，可以用可延展的胡桃木餐桌、刚柔并济的橡木床、褐色皮质的扶手椅、绒布面料的宽大沙发以及简单到只有一块玻璃构成的茶几装扮出家居空间。

4. 家具装饰

（1）**现代家具 + 中式古典家具**。混搭风格的家居中，中式家具与现代家具的搭配黄金比例是 3 : 7，因为中式家具的造型和色泽十分抢眼，太多反而会令居室显得杂乱无章。

> 中式圈椅与现代沙发的组合显得既有时尚美感又有传统韵味

（2）**现代灯具 + 中式元素**。在混搭风格的家居中，可以选择具有现代特色的灯具来展现前卫与时尚。之后，在居室内加入一些中式元素，这样搭配可以令家居氛围异常独特。

> 双层水晶吊灯与中式屏风搭配组合，将奇特的美感传达

5. 形状图案

（1）**直线 + 弧线**。混搭风格的家居在线条的选择上也丰富多样。直线与弧线的搭配运用，可以令家居环境看起来富有变化性，其中，地中海风格中的拱形门也可以为混搭风格的家居增色。

（2）**直线 + 雕花**。直线条的流畅感搭配雕花工艺的繁复，可以令混搭风格的家居变得丰富多彩。例如，可以选择雕花的中式复古家具，也可以在家居中摆放造型感和腿部装饰丰富的欧式家具，而空间的整体线条为直线。

地中海风格

1. 设计理念

地中海家居风格，顾名思义，泛指在地中海周围国家所具有的风格。这种风格代表的是一种由居住环境造就的极休闲的生活方式。其装修设计的精髓是捕捉光线、取材天然的巧妙之处，主要的颜色来源是白色、蓝色、黄色、绿色等。地中海风格在造型方面一般选择流畅的线条，圆弧形就是很好的选择，它可以放在家居空间的每一个角落，一个圆弧形的拱门，一个流线形的门窗，都是地中海家装中的重要元素。

2. 配色表现

（1）蓝色 + 白色。蓝色与白色的搭配，可谓地中海风格家居中最经典的配色，不论是蓝色的门窗搭配白色的墙面，还是蓝白相间的家具，如此干净的色调无不令家居氛围体现得雅致而清新。

> 清新的蓝白色搭配令人仿佛置身于浪漫的地中海岸

（2）色彩的纯度对比。纯度对比是将两个或两个以上不同纯度的色彩并置在一起，产生色彩的鲜艳或混浊的感受对比。纯度对比包括单一色相对比，也包括不同色相对比，如红蓝之间的对比等。

> 蓝色沙发与黄色背景墙形成纯度的对比，充满活力

第 5 章

从喜好选定风格，构建专属之家

3. 材质选用

（1）马赛克。马赛克瓷砖的应用是凸显地中海气质的一大法宝，细节跳脱，整体却依然雅致。

> 马赛克装点的拱门门套充满了灵动的气质

（2）边角圆润的实木。这类边角圆润的实木一般会设计在客厅的顶面、餐厅的顶面等地方，以烘托地中海风格的自然气息。

> 通过边角圆润的实木装饰顶面，使整个空间变得更活跃

（3）白灰泥墙。白灰泥墙白色的纯度色彩与地中海的气质相符，其自身所具备的凹凸不平的质感，也令居室呈现出地中海建筑所独有的质感。

> 白灰泥墙令空间呈现出整洁、素雅的氛围

077

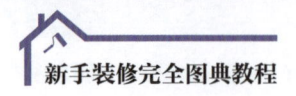

4. 家具装饰

（1）**船形家具**。船形的家具是最能体现出地中海风格家居的元素之一，其独特的造型既能为家中增加一分新意，也能令人体验到来自地中海岸的海洋风情。在家中摆放这样的一个船形家具，浓浓的地中海风情呼之欲出。

（2）**擦漆处理的家具**。擦漆处理的方式可以流露出古典家具才有的质感，也能展现出家具在地中海碧海晴天之下被海风吹蚀的自然印迹。

（3）**地中海拱形窗**。拱形窗不仅是欧式风格的最爱，用于地中海风格中也可以令家居彰显出典雅的气质。与欧风家居中的拱形窗所不同的是，地中海风格中的拱形窗在色彩上一般运用其经典的蓝白色，并且镂空的铁艺拱形窗也能很好地呈现出地中海风情。

（4）**地中海吊扇灯**。地中海吊扇灯是灯和吊扇的完美结合，既具灯的装饰性，又具风扇的实用性，可以将古典和现代完美体现，是地中海室内装修中的首选装饰。

（5）**贝壳、海星等海洋装饰**。在地中海浓郁的海洋风情中，当然少不了贝壳、海星这类饰元素。这些小装饰在细节处为地中海风格的家居增加了活跃、灵动的气氛。

家具	蓝白布艺家具	铁艺家具	四柱床

灯具	彩绘玻璃灯具	地中海吊扇灯	船锚造型台灯

装饰品	帆船造型摆件	救生圈造型壁挂	拱窗

5. 形状图案

（1）拱形。地中海风格的建筑特色是拱门与半拱门、马蹄状的门窗。建筑中的圆形拱门及回廊通常采用数个连接或以垂直交接的方式，在走动观赏中，出现延伸般的透视感。此外，家中的墙面处（只要不是承重墙），均可运用半穿凿或者全穿凿的方式来塑造室内的景中窗。这是地中海家居的一个情趣之处。

拱形门直接作为门、廊造型，圆润的线条让整体风格变得柔和、流畅

（2）地中海手绘墙。在地中海风格的家居中，常常绘制有地中海风情的手绘墙，充分体现出地中海的风格特征。其蓝天、白云、大海、圆顶房屋等元素，可以为家居带来清爽的视觉效果。

在餐厅旁墙面画上有关地中海的手绘画，增添浓厚风格感

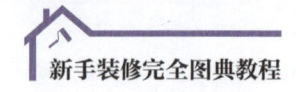

东南亚风格

1. 设计理念

东南亚风格是一种结合东南亚民族岛屿特色及精致文化品位的设计，就像个调色盘，把奢华和颓废、绚烂和低调等情绪调成一种沉醉色，让人无法自拔。这种风格广泛地运用木材和其他的天然原材料，如，藤条、竹子、石材等，局部采用一些金属色壁纸、丝绸质感的布料来进行装饰。在配饰上，那些别具一格的东南亚元素，如，佛像、莲花等，都能使居室散发出淡淡的温馨与悠悠禅韵。

2. 配色表现

（1）棕色/褐色。东南亚风格最重要的特征是取材自然，因此在色泽上也多为来源于木材和泥土的棕色或褐色系。在设计上可以用浅色木家具搭配深色木硬装，或反之用深色木来组合浅色木，都可以令家居呈现出浓郁的自然风情。

> 大量的深棕色家具及装饰线条令整个空间充满沉稳自然的气息 ▶

（2）紫色点缀。紫色系向来代表的是神秘与高贵，在东南亚风格的家居中，香艳的紫色十分常见，它的妩媚与妖冶让人沉溺，在使用时要注意度的把握，一般适合局部点缀在纱幔、手工刺绣的抱枕或桌旗之中。

> 运用紫色与橙黄色软装，丰富了空间的色彩 ▶

3. 材质选用

东南亚风格的搭配虽然风格浓烈，但千万不能过于杂乱，否则会使居室空间显得累赘。材质天然的木材、藤、竹是东南亚室内装饰的首选。石材的选用并不等同于常用的大理石或花岗岩等料，而是具有地域特色的东南亚石材，常以搭配墙面木做造型出现，形成一个整体的设计造型。

4. 家具装饰

（1）**木雕家具**。木雕家具是东南亚家居风格中最为抢眼的部分。其中，柚木是制成木雕家具最为合适的上好原料。柚木从生长到成材最少经 50 年，含有极重的油质。这种油质使之保持不变形，且带有一种特别的香味，能驱蛇、虫、鼠、蚁；更为神奇的是，它的刨光面颜色可以通过光合作用氧化而成金黄色，颜色会随时间的延长而更加美丽。柚木做成的木雕家具有一种低调的奢华，典雅古朴，极具异域风情。

（2）**藤制家具**。在东南亚家居中，也常见藤制家具的身影。藤制家具天然环保，最符合低碳环保的要求。它具有吸湿、吸热、透风、防蛀、不易变形和开裂等物理性能，可以媲美中高档的硬杂木材。

（3）**泰丝抱枕**。艳丽的泰丝抱枕是沙发上或床上最好的装饰品。明黄、果绿、粉红、粉紫等香艳的色彩化作精巧的靠垫或抱枕，跟原色系的家具相衬，香艳的愈发香艳，沧桑的愈加沧桑。单个的泰丝抱枕基本在几十至百元之间，可以根据预算加以选择。

（4）**大象饰品**。大象是东南亚很多国家都非常喜爱的动物，相传它会给人们带来福气和财运，因此在东南亚的家居装饰中，大象的图案和饰品随处可见，为家居环境中增加了生动、活泼的氛围，也赋予了家居环境美好的寓意。

家具	木雕家具	大象造型家具	藤编家具
灯具	芭蕉叶扇灯	彩绘琉璃灯	实木雕刻台灯
装饰品	雕花装饰画	佛像摆件	锡器

5. 形状图案

（1）热带风情的花草图案。东南家居中喜欢采用较多的阔叶植物来装点家居，如果有条件的情况，可以采用水池、莲花的搭配，非常接近自然。如果条件有限，则可以选择莲花或莲叶图案的装饰来装点家居。

> 热带花草图案靠枕，成为点亮空间的装饰

（2）禅意图案。东南亚作为一个宗教性极强的地域，大部分国家的人们都信奉着佛教，因此常会把佛像作为一种信仰符号体现在家居装饰中，令居室呈现出浓浓的禅意。

> 茶几上的佛像摆件令空间充满神秘而端庄的氛围

东南亚风格图案的运用原则

东南亚风格的家居中，图案往往来源于两个方面，一个是以热带风情为主的花草图案，一个是极具禅意风情的图案。其中，花草图案的表现并不是大面积的，而是以区域型呈现的；而禅意风情的图案则作为点缀出现在家居环境中。

第 5 章

从喜好选定风格，构建专属之家

日式风格

1. 设计理念

　　日式设计风格直接受日本和式建筑影响，讲究空间的流动与分隔，流动则为一室，分隔则分几个功能空间，空间中总能让人静静地思考，禅意无穷。传统的日式家居将自然界的材质大量运用于居室的装修、装饰中，不推崇豪华奢侈、金碧辉煌，以淡雅节制、深邃禅意为境界，重视实际功能。日式风格特别能与大自然融为一体，借用外在自然景色，为室内带来无限生机，选用材料上也特别注重自然质感，以便与大自然亲切交流，其乐融融。

2. 配色表现

　　（1）白色+浅木色。日式室内设计中，色彩多偏重于浅木色，同时用白色作为搭配使用，可以令家居环境更显干净、明亮，使城市人潜在的怀旧、怀乡、回归自然的情绪得到补偿。

白色与浅木色搭配，使整个空间看起来干净而充满自然气息

　　（2）原木色。由于日式风格中常常会用木材、板材来装饰家居，因此家居色彩也多呈现出原木色，营造出自然、禅意的风格特征。原木色出现的地方很多，顶面、墙面、地面、家具等均可。

原木色家具气质自然，为居室带来柔和淡雅之感

083

3. 材质选用

（1）草席。日式风格所用的装修建材多为自然界的原材料，其中草席就是经常用到的材质，在地面、顶面装饰中均可用到。

▶ 大面积的草席充当地毯使用，充分体现出居室的自然特质

（2）木材／板材。板材和木材是最常见的天然材质，在日式风格的居室中，顶面、墙面也常以木材或板材装饰，能够体现出日式风格的禅韵特征。

▶ 板材家具与木材修饰，打造出质朴自然的环境氛围

4. 家具装饰

（1）榻榻米。日式家居装修中，榻榻米是一定要出现的元素。一张日式榻榻米看似简单，但实则包含的功用很多。它有着一般凉席的功能，又有美观舒适的功能，其下的收藏储物功能也是一大特色。在一般家庭的日式榻榻米相当于是一件万能家具，想睡觉时可以当作是床，接待客人时又可以是个客厅。

（2）传统日式茶桌。传统的日式茶桌以其清新自然、简洁淡雅的独特品位，形成了独特的家居风格，为生活在都市的人群营造出闲适写意、悠然自得的生活境界。此外，传统日式茶桌的腿脚比较短，桌上一般都有精美的瓷器。

从喜好选定风格，构建专属之家

（3）**升降桌**。升降桌即可升降的桌子，在日式风格的家居中被广泛使用。这种升降桌在用时可以作为桌子使用，不用时可以下降到地面，丝毫不占用空间。此外，这种桌子还具有收纳的功能，非常实用。

（4）**和服娃娃装饰画/装饰物**。和服是日本的民族服饰，其种类繁多，花色、质地和式样，千余年来变化万千。而穿着和服的娃娃具有着很强的装饰效果，在日式风格的家居中会经常用到。

（5）**樟子门窗**。樟子门窗是构成日式家居的重要部分。樟子纸格子门木框采用的是无结疤樟子松，经过烘干而制成，所以生产出来的成品不易变形、裂开，且外表光滑细腻。而木格子中间以半透明的樟子纸取代玻璃，所以薄而轻。樟子纸也可用于窗户，特点是韧性十足，不易撕破，且具有防水、防潮功能；同时，图案也很精美，透出一种朦胧美。

家具	低矮家具	蒲团	榻榻米
灯具	和纸灯具	竹皮吊灯	木质灯具
装饰品	铸铁水壶	浮世绘	日式花艺

5. 形状图案

（1）樱花图案。樱花可谓是日本的国花，享誉世界，因此，这种装饰图案被广泛地运用于日式风格的家居装饰中，可以令家居环境体现出一种唯美的意境。

> 樱花屏风为餐室增添日式风情

（2）山水图案。日式风格的居室一般呈现出较为清雅的气质，因此，带有水墨气息的自然山水图案的出现频率较高，常作为福司玛门的装饰图案，也会用在浮世绘等装饰画中。

> 绘制山水图的福司玛门禅意悠然

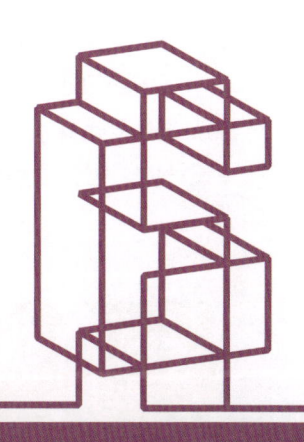

第 6 章
确定功能分区，住着才舒适

家居空间功能的规划和利用是居室设计的一项重要内容，也是完成整个内部环境营造的基础。家居空间是一个有限的空间，业主要在这有限的空间里挖掘它的最大容量，使空间格局更合理，家居环境更温馨和舒适。

新手装修完全图典教程

区分空间设计

　　家居空间主要包括客厅、餐厅、卧室、书房、厨房、卫浴等，不同空间需要注意的设计要点各有不同。同时，由于户型大小、形状等因素导致了家居空间在设计时，需要采用一些设计技巧来达到最终的设计效果。

▼ 家居空间设计要点

客厅
要点：设计以便捷为主

餐厅
要点：满足餐食需求和营造氛围

卧室
要点：注意保持私密性和实用性

书房
要点：重点要采光较好、空气相对流通

厨房
要点：根据面积和业主的习惯进行设计

卫浴间
要点：卫生洁具防治和贮存空间

客厅设计

1. 墙地顶设计

　　客厅的顶面和地面需要保持和整个居室的风格一致，避免造成压抑昏暗的效果。墙面设计则应着眼整体，对主题墙重点装饰，以集中视线。

顶面、墙面造型复杂，充满设计感，实木地板则低调沉稳

第 6 章

确定功能分区，住着才舒适

2. 色彩设计

　　客厅色彩颜色尽量不要超过三种（黑、白、灰除外），若觉得三个颜色太少，则可以使用明度和纯度较高的颜色，用以突出重点装饰部位。

> 纯度较高的黄色作为点缀色，为白色系客厅增添活力

3. 照明设计

　　客厅光线以适度的明亮为主，在光线的使用上多以黄光为主，也可以将白光及黄光互相搭配，通过光影的层次变化来调配出不同的氛围，营造特别的风格。

> 客厅融合黄光与白光，既显得明亮又不缺乏温馨感

4. 软装应用

　　客厅软装选择要与整体风格统一，体积不用过于庞大。例如，简约风格可以选择造型简洁但充满设计感的摆件；田园风格则可以摆放几个棉麻碎花靠枕作为装饰。

> 简欧风格客厅可以使用造型精美的金属摆件作为装饰亮点

餐厅设计

1. 墙地顶设计

餐厅顶面设计应以素雅、洁净材料做装饰，而墙面在齐腰位置可以考虑做局部护墙处理，地面宜选用表面光洁、易清洁的材料。

复合地板低调、耐磨，与大方简单的顶面设计形成呼应

2. 色彩设计

餐厅色彩宜以明朗轻快的色调为主，最适合的是橙色以及相同色调的近似色。

原木色与黄色点缀，视觉上能够增添明朗温和的感觉

3. 照明设计

餐厅可利用灯光作为辅助手段来调节室内色彩气氛，以达到利于饮食和愉悦身心的目的。

橙黄色灯光为餐厅营造温馨、温暖的氛围

第 6 章
确定功能分区，住着才舒适

4. 软装应用

就餐环境的气氛要轻松活泼一些，装饰时最好注意营造一种温馨祥和的气氛，以满足业主的一种聚合心理。

> 向日葵装饰花卉为餐桌带来积极明快的装饰效果

卧室设计

1. 墙地顶设计

卧房应选择吸音性、隔音性好的装饰材料，其中触感柔细美观的布贴，具有保温、吸音功能的地毯都是卧室的理想之选。

> 温暖的织花地毯搭配纯棉床品，充满温暖柔和的感觉

2. 色彩设计

卧室一般以床上用品为中心色，其他软装色彩尽可能与中性色靠近。另外，还可以运用色彩对人产生的不同心理、生理感受来营造舒适的卧室环境。

> 蓝色床品为中心色，墙面壁纸颜色与座椅颜色因而为蓝色系

3. 照明设计

卧室照明应以柔和为主，吊顶灯应安装在光线不刺眼的位置；床灯可使室内的光线变得柔和；而夜灯投出的阴影可使室内看起来更宽敞。

小巧的床头台灯既不会过于刺眼，又能起柔和的照明作用

4. 软装应用

卧室的软装饰品最好能营造一种安静平和的气氛，以满足休憩需求。因此，卧室装饰不仅要与卧室整体设计统一外，还要注意不能出现过于激烈或者消沉的色彩或图案。

墙面装饰与床品呼应，具有和谐的整体感

书房设计

1. 墙地顶设计

书房要求安静的环境，因此，要选用那些隔音、吸音效果好的装饰材料。如，吊顶可采用吸音石膏板吊顶，墙壁可采用 PVC 吸音板或软包装饰布等装饰材料。

实木复合地板与吸音石膏吊顶为书房创造了清静安宁的环境

第 6 章

确定功能分区，住着才舒适

2. 色彩设计

采用高度统一的色调装饰书房是一种简单而有效的设计手法，完全中性的色调可以令空间显得稳重而舒适，十分符合书房的特质。

> 书房以棕色为主，显得稳重而舒适

3. 照明设计

书房灯具一般应配备有照明用的吊灯、壁灯和局部照明用的写字台灯。另外，书房灯光应单纯一些，在保证照明度的前提下，可配乳白或淡黄色壁灯与吸顶灯。

> 桌面摆放小的台灯，对桌面进行局部照明

4. 软装应用

书房装饰品应以清雅、宁静为主，不要太过鲜艳跳跃，以免分散学习工作的注意力。色调选择上也要在柔和的基础上偏向冷色系，以营造出"静"的氛围。

> 颜色素雅的装饰绿植花艺和艺术画，给人沉静平淡的感觉

093

厨房设计

1. 墙地顶设计

厨房墙面多选择瓷砖铺贴，清洁起来更便利；顶面则可以选择集成吊顶，地面则多使用防滑、排水、易清洁的材料。

墙面铺贴砖，又美观又方便打理

2. 色彩设计

厨房墙面、地面可以采用柔和及自然的颜色，也可以用原木色调加上简单图案设计的橱柜来增加厨房的温馨感。

多色拼接釉面墙砖，打破棕色、白色橱柜带来的单调、沉闷感

3. 照明设计

厨房照明主灯光可选择日光灯，其光量均匀、清洁，给人一种清爽感觉。

简单利落的双排筒灯作为主照明光源，使厨房看上去干净清爽

4. 软装应用

厨房可以采用艺术画或装饰性的盘子、碟子来装点墙面。如果厨房空间较小，做配饰设计时可以选择同样色系的饰品进行搭配。

在台面一角摆放上装饰架或绿植，可以为厨房增添活跃气氛

🛁 卫浴间设计

1. 墙地顶设计

卫浴间的墙、地面一般选择瓷砖、通体砖来铺设，因其防潮效果较好，也较容易清洗。

> 墙、地面使用瓷砖铺贴，打理方便又美观 ▶

2. 色彩设计

卫浴间各种盥洗用具复杂、色彩多样，为避免视觉的疲劳和空间的拥挤感，应选择清洁、明快的色彩为主要背景色。

> 白色系为主的卫浴间，可以带来干净、宽敞的视觉感受 ▶

3. 照明设计

卫浴的整体灯光不必过于充足，朦胧一些，有几处强调的重点即可，因此局部光源是营造空间气氛的主角。

> 镜前灯可以解决照镜子时背对顶面灯具而照不清面容的问题 ▶

4. 软装应用

卫浴间装饰不在多，而在于能够使空间变得更有温和感，因此，可以选择颜色素雅的仿真花卉或玻璃制品作为装饰。

> 装饰花卉和相框，让卫浴间不再显得单调 ▶

第 6 章　确定功能分区，住着才舒适

新手装修完全图典教程

研习空间特点

每个空间由于其功能不同，相对应的设计也略有不同。明确空间特点，掌握不同空间设计要点，通过室内设计令空间具备更多功能性。

客厅空间

1. 特点概述

客厅设计是家居空间设计中最重要的一部分。客厅可以具有很多使用功能，如，交谈、就餐工作和娱乐等。在设计中除了要考虑其休闲、聚会、会客等实用功能，还要考虑家人的社会背景、爱好、情趣、舒适度、美观等多方面的因素，结合空间特点进行全面综合布置。

2. 多功能设计

为了配合家庭各种群体的需要，在空间条件许可下，可采取多用途的布置方式，分设聚谈、音乐、阅读、视听等多个功能区位，在分区原则上，对活动性质类似、进行时间不同的活动，可尽量将其归于同一区位，从而增加活动空间，减小用途相同的家具的陈设。

将客厅通过沙发简单地分隔出视听区和聚谈区，满足不同需求

反之，对性质相互冲突的活动，则宜调不同的区位，或安排在不同时间进行。

餐厅空间

1. 特点概述

餐厅是家人日常进餐的主要场所，也是宴请亲朋好友的活动空间。因其功能的重要性，每套居住空间都应设立进餐区域。餐厅的开放或封闭程度在很大程度上是由可用房间的数目和家庭的生活方式所决定。

096

2. 多功能设计

餐厅的主要功能为用餐空间，但在用餐的过程中，还可以观看喜爱的电视节目，享受到视听的愉悦。在餐厅中设置一台电视，无疑是为用餐时间增添乐趣的好方法。

> **注意事项：**
> 需要注意的是，有孩子的家庭，这种设计手法需要慎重，避免孩子因过于沉迷电视节目，而影响进餐。

卧室空间

1. 特点概述

卧室是居住者补充睡眠、休憩的场所，在设计时除了要创造富有安全感、安静舒适的环境，还要注意隐秘性与个性。同时，也要考虑到与睡眠相关的梳妆、换衣等功能分配，妥善处理睡眠区、梳妆区、贮藏区的分配。

2. 多功能设计

卧室一般处于居室空间最里侧，具有一定的私密性和封闭性，其主要功能是睡眠和更衣，此外，还应设有储藏、娱乐、休息等空间，以满足各种不同的需要。因而，卧室实际上是具有睡眠、娱乐、梳妆、盥洗、读书、看报、储藏等综合实用功能的空间。

书房空间

1. 特点概述

书房在家居空间中有一个很特殊的地位，它既是办公室、学习室的延伸，又是家庭生活的一部分。书房布置一般需保持相对的独立性，其设计布置原则应该以最大程度方便其进行工作为出发点。书房的空间常被划分为工作区、接待交流区、储物区，在设计布局时要根据实际情况进行布置与分配。

2. 多功能设计

家中的会客空间一般设置在客厅，除此之外，书房的气质与功能也很适合作为会客空间。因此，不妨在书房中安排一副沙发，如果有条件还可以设置茶几，以作为临时的会客区；此外，如果书房的面积够大，则可以摆放一张睡床，作为临时的休息的空间。

理顺空间动线

新手装修完全图典教程

动线是指人们在室内由一个功能区到另一个功能区活动的路线。分为主动线和次动线，主动线连接所有功能区（厨房、客厅、卧室、卫浴等），次动线则是各功能区内部活动的路线。家居空间常见三种动线分类：家务动线、家人动线和访客动线，三条线不能交叉，这是动线设计的基本原则，也是户型动线良好的标志。

▼ 空间动线分类

家务动线
要点：简化动线，减少烦琐动线

家人动线
要点：关键在于保证私密性

访客动线
要点：避免与家人动线中休息空间相交

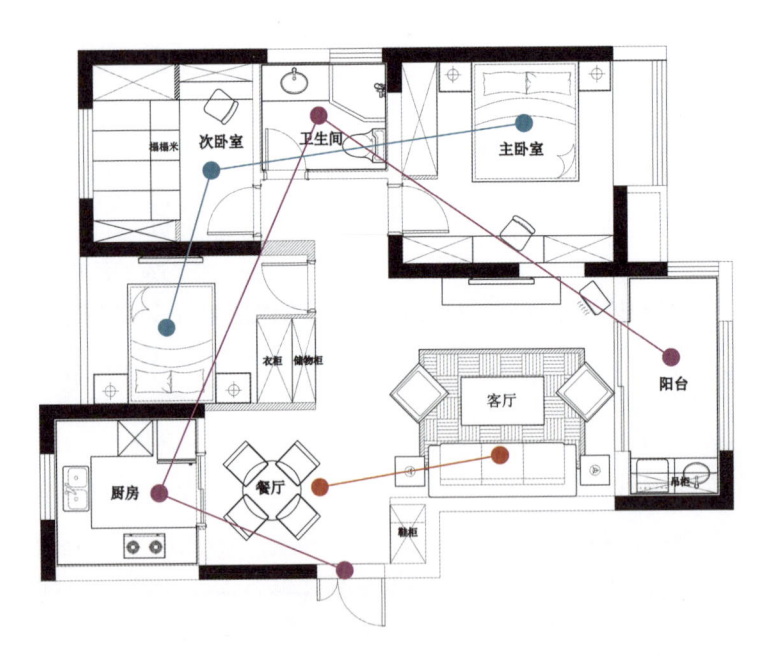

📦 家务动线

家务动线是指入户门到厨房、洗衣台到晾晒阳台的活动路线。在三条动线中，家务动线无疑是最烦琐的，居住者最常进行的活动包括买菜、洗衣服、做饭、打扫等，所涉及的空间主要集中在厨房、卫生间等区域。因此，在家务劳动中，动线如果复杂往复，就会让家务的过程变得更辛苦。

拿厨房为例，业主可以将厨房的位置设置在靠近门口的地方，这样外出采购的食材，可以直接拎入厨房进行处理，不仅可以节省来回拿取的时间，也能减少因随便摆放而带来的混乱感。

厨房内部动线设计也要合理

一般家庭的做饭习惯都是先去冰箱拿食材，然后进行清洗处理，最后在灶台煎炒烹炸。因此，从储存、清洗、料理这三道程序进行规划，最节省时间和精力的就是三角动线。

如果厨房较狭窄，流线通常排成一直线。即使如此，顺序不当还是会引起使用上的不便。举例来说，假使料理台的流线规划是先冰箱、炉具，然后是水槽清洗，再走回炉具进行烹调，使用上会感觉非常不顺畅。如果顺序改成冰箱、水槽、炉具，这样使用起来会更流畅。

📦 家人动线

家人动线也可以叫居住动线，关键在于私密，包括卧室、卫生间、书房等领域。这种流线设计要充分尊重主人的生活格调，满足主人的生活习惯。

目前流行的在卧室里面设计一个独立的浴室和卫生间，就是明确了家人流线要求私密的性质，为人们夜间起居提供了便利。此外，床、梳妆台、衣柜的摆放要适当，不要形成空间死角，让主人感觉无所适从。

📦 访客动线

访客动线是指从入户门到客厅的活动路线。访客流线不应与家人流线和家务流线交叉，以免在客人拜访的时候影响家人休息或工作。

目前，大多数的流线设计中把起居室和客厅混为一谈。这样一来，如果来访者只是家庭中某个成员的客人，那么偌大的客厅就只属于这两个人，其他家人就得回避，浪费空间不说，还影响其他家庭成员正常的活动。因此，在起居室中划分出单独会客室是必要的。

熟知家具尺寸

新手装修完全图典教程

家具的款式挑选确实很重要，但是家具的尺寸也万万不能忽视，太大或是太小都容易造成使用体验变差甚至安装困难的情况产生。另外，在选择家具的时候不光要考虑家具本身的尺寸，还要为实际活动预留出一定的空间，要保证合理的间距，让使用更自如方便。

客厅家具

1. 沙发

在选择沙发时，长度最好占墙面的 1/3~1/2。例如，靠墙为 6m，那么沙发长度最好在 2~3m，并且两旁最好能各留出 50cm 的宽度，用来摆放边桌或边柜。

> 双人沙发长度一般在 126-150cm，深度在 80-90cm 比较适宜

2. 茶几

茶几的摆放要合乎人体工学，茶几跟主墙最好留出 90cm 的走道宽度；茶几跟主沙发之间要保留 30~45cm 的距离（45cm 的距离为最舒适）。

> 茶几的高度最好与沙发被坐时一样高，大约为 40cm

第 6 章

确定功能分区，住着才舒适

3. 电视柜

电视柜的高度以眼睛平视焦点为中心略低的高度最为合适。例如，1.2m 高度的电视机（上端），那么电视柜的高度一般不超过 0.6m。

> 悬挂电视机的安装高度通常在 40cm 左右为宜

🔲 餐厅家具

1. 餐桌椅

餐桌椅摆放时应保证桌椅组合的周围留出超过 1m 的宽度，方便让人通过。另外，一般餐椅的高度约为 38cm，坐下来时要注意脚是否能平放在地上。

> 餐桌最好高于椅子 30cm，用餐者才不会有太大的压迫感

2. 餐边柜

如果餐厅的面积够大，可以沿墙设置一个餐边柜，但餐边柜与餐桌椅之间要预留 80cm 以上的距离，这样不会影响餐厅功能，且令动线更方便。

> 嵌入式餐边柜可以节省餐厅空间，又能增加收纳功能

卧室家具

1. 衣柜

一般衣柜高度在 240cm，这个尺寸考虑到了在衣柜里能放下长一些的衣物（160cm），并在上部留出了放换季衣物的空间（80cm）。

> 侧墙设有衣柜，那么床头旁边要预留出 50cm 以上的宽度，方便通过

2. 床

单张双人床的尺寸可以根据卧室面积来选择，但要注意要考虑预留出 50cm 以上的过道，方便通过。

> 两张床的摆放，床之间的距离最少为 50cm

书房家具

1. 书桌

固定式的书桌要求深度在 45~70cm（60cm 最佳），高度为 75cm；而可活动式的书桌，深度尽量保持在 65~80cm，高度在 75~78cm。

> 书桌的下缘离地至少达到 58cm，长度最少要达到 90cm（150~180cm 最佳）

2. 书架

书架的深度在每一格 25~40cm，长度在 60~120cm 最为合适。活动型书架并且顶部未及顶面，其深度一般为 45cm，整体高度在 180~200cm 之间。

> 书柜的层高不应小于 297mm，宽度不小于 210mm

厨房家具

1. 工作台

东方人的体形而言，厨房中的工作台面高度应该为 85~90cm；深度方面，工作台以 60~75cm 为宜。

> 加工操作的案桌柜体，其高度、宽度、与水槽规格应统一，与工作台相连的水池不宜有障碍，应在视觉上统一连贯

2. 吸油烟机

吸油烟机离灶台上方的距离依据使用者的具体身高来确定，在不影响操作的情况下越低越好，通常在 70cm 左右。

> 厨房设备建议摆放在同一轴线上，距离为 60~90cm，最长可在 2.8m 左右

3. 吊柜

吊柜顶端高度不宜超过230cm，底端与工作台面的距离为60cm左右。另外，长度方面则可依据厨房空间，将不同规格的厨具合理地配置，让使用者感到舒适。

> 中国女性身高一般在160cm左右，因此橱柜吊柜离地高度在158-160cm间最佳

卫浴间家具

1. 坐便器

预留坐便器的宽度尽量能安排在750mm以上，这才方便使用。理想的安装高度为360～401mm。

> 马桶和盥洗池之间，或者洁具和墙壁之间的应该预留出200mm的距离

2. 浴缸

浴缸的理想的安装高度为380~430mm。为简便安装和增加装饰性，可选用带裙板的浴缸。选用浴缸长度一般在1500mm左右为宜。

> 浴缸靠墙方便的地方可以安装皂盒，在浴缸靠背方向的上方可以安装浴巾架

第 7 章
巧用细部设计，
为空间加分

好的居室不光需要整体规划上的实用，还要在细节处理上有独到的设计。业主可以提前根据居室的风格、大小等来确定软装搭配的组合，通过对色彩、材质和样式的考量，选择合适的软装来装点空间，为家居空间添色。

了解配色基础

在对家居空间进行色彩设计之前，需要对色彩设计建立初步的印象，如了解色相、色调、纯度、明度等这些专业的名词，只有对色彩的特性进行充分了解，才能够更系统地进行色彩设计。

色彩属性

1. 色相

色相指色彩所呈现出的相貌，是一种色彩区别于其他色彩最准确的标准，任何色彩都有色相。即便是同一类颜色，也能分为几种色相，如黄颜色可以分为中黄、土黄、柠檬黄等。

（1）原色、间色、复色。色相是由原色、间色和复色构成的。原色是指红、黄、蓝三种颜色，将其两两混合后得到橙、紫、绿，即为三间色，继续混合后得到的就是复色。

（2）色相的归纳。色彩学家将色相按照原色呈三角形分布后，将间色（二次色）放在原色中间，而后再将复色（三次色）按照混合顺序插入，按照规律归纳后，排列组合，就形成了色相环。根据色相数量的不同，总的来说常用的色相环有10色相环、12色相环、24色相环、36色相环和72色相环等。

▲ 色相秩序的归纳 　　　　▲ 12色相环

2. 明度

明度指色彩的明暗程度，各种有色物体由于反射光量的不同而产生颜色的明暗强弱，就是我们看到的明度区别。例如，黄色在明度上变化能够得到深黄、中黄、淡黄、柠檬黄等不同黄色，红色在明度上变化能够得到紫红、深红、橘红、玫瑰红、大红、朱红等不同红色。

（1）**明度的调节**。同一色相添加白色越多明度越高，添加黑色越多明度越低；每一种纯色都有其对应的明度，不同色相的明度也是不同的，黄色明度最高，蓝紫色明度最低，红、绿色为中间明度。

（2）**物体的明度与光线**。当物体照射的光线强度不同时也会有明度上的变化，强光下物体要显得更明亮一些，反之则灰暗一些。

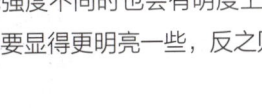

明度差异小的配色
蓝色和紫色之间的明度差异较小，给人稳定、神秘的感觉。

3. 纯度

纯度也叫作色彩的彩度或饱和度，指的是色彩的纯净程度，它表示的是颜色中所含有色成分的比例。含有色成分的比例越多，则色彩的纯度越高；含有色成分的比例越小，则色彩的纯度也就越低。

（1）**纯度的调节**。当在一种纯色中加入黑色或白色时，其明度会发生变化，而与明度不同的是，纯色中不论是加入黑色、白色还是其他色彩，其纯度都会降低。纯度最高的色彩是原色，间色次之，复色最低。

（2）**物体的纯度与光滑性**。有色物体的纯度与物体表面的光滑程度有关。如果物体表面粗糙，其漫反射作用将使色彩的纯度降低；如果物体表面光滑，那么，全反射作用将使色彩比较鲜艳。

明度差异大的配色
蓝色和粉色明度差异显著，搭配更具视觉冲击力，具有明显的跳跃感。

色系种类

1. 暖色系

给人温暖感觉的颜色，称为暖色系。红紫、红、红橙、橙、黄橙、黄、黄绿等都是暖色，暖色给人柔和、柔软的感受。

居室中若大面积地使用高纯度的暖色容易使人感觉刺激，可调和使用

2. 冷色系

给人清凉感觉的颜色，称为冷色系。蓝绿、蓝、蓝紫等都是冷色系，冷色给人坚实、强硬的感受。

在居室中，不建议将大面积的暗沉冷色放在顶面和墙面上，容易使人感觉压抑

3. 中性色

紫色和绿色没有明确的冷暖偏向，称为中性色，是冷色和暖色之间的过渡色。

绿色在家居空间中作为主色时，能够塑造出惬意、舒适的自然感

4. 无彩色系

黑色、白色、灰色、银色、金色没有彩度的变化，称为无彩色系。

在家居中，单独一种无彩色没有过于强烈的个性，多作为背景使用，但将两种或多种无彩色搭配使用，能够塑造出强烈个性

色相的情感意义

1. 红色

红色象征活力、健康、热情、喜庆、奔放，能够让人有一种迫近感和心跳加速的感觉，可以引发人兴奋、激动的情绪，与绿色组合对比感最强。

> 大面积使用高纯度红色，容易使人烦躁、易怒；少量点缀使用，则会显得具有创意

2. 黄色

黄色是一种积极的色相，使人感觉温暖、明亮，象征着快乐、希望、智慧和轻快的个性，给人灿烂辉煌的视觉效果，与紫色组合对比感最强。

> 大面积在家居中使用黄色，提高明度会更显舒适；特别适用采光不佳的房间及餐厅

3. 蓝色

蓝色给人博大、静谧的感觉，是永恒的象征，纯净的蓝色象征文静、理智、安详、洁净，能够使人的情绪迅速地镇定下来，与橙色组合对比感最强。

> 采光不佳的空间避免大面积使用明度和纯度较低的蓝色，容易使人感觉压抑、沉重

4. 橙色

橙色融合了红色和黄色的特点，比红色的刺激度有所降低，比黄色热烈，具有明亮、轻快、欢欣、华丽、富足的感觉，与蓝色组合对比感最强。

> 空间不大，避免大面积使用高纯度橙色，容易使人兴奋；较为适用于餐厅、工作区

5. 绿色

绿色是介于黄色与蓝色之间的复合色，是大自然中常见的颜色。绿色能够让人联想到森林和自然，代表着希望、和平、自然、生机，是一种非常平和的色相。与红色组合对比感最强。

> 大面积使用绿色时，可以采用一些具有对比色或补色的点缀品，来丰富空间的层次感

6. 紫色

紫色是蓝色和红色的复合色，蓝色多一些则偏冷一些，红色多一些则偏暖一些。具有高贵、神秘感。紫色还是浪漫的象征，淡雅的藕荷色、紫红色等具有女性特点，可用来表现单身女性的空间。

> 紫色适合小面积使用，若大面积使用，建议搭配具有对比感的色相，效果更自然

第 7 章

巧用细部设计，为空间加分

色彩角色

1. 色彩的四种角色

（1）背景色。背景色就是充当背景的色彩，是占据空间面积最大的色彩，并不仅限定于一种颜色，通常包括墙面、地面、顶面、门窗、地毯、窗帘等，起到奠定空间基本风格和色彩印象的作用。

（2）主角色。主角色是指居室内大型家具的色彩，面积中等，通常占据空间的中心位置，例如，沙发、床等。它是居室色彩的绝对中心，是家居色彩设计的重点，宜具有突出的主体地位，能够聚焦视线。

（3）配角色。用来衬托主角色的色彩就是配角色，它的重要性次于主角色，通常是充当主角色的家具旁的小家具，例如，客厅中的小沙发、茶几、边几、卧室中的床头柜等。

（4）点缀色。点缀色指做点缀使用的色彩，是居室中最易变化的小面积色彩，通常是工艺品、靠枕、装饰画等，主要作用是丰富配色的整体层次，增加活泼感。

背景色
点缀色

点缀色
配角色

配角色

点缀色
配角色
主角色
背景色

色彩的角色只能是单个颜色？

同一个空间中，色彩的角色并不局限于一种颜色，如，一个客厅中顶面、墙面和地面的颜色常常是不同的，但都属于背景色。一个主角色通常也会有很多辅助色来跟随，协调好各个色彩之间的关系也是进行家居配色时需要考虑的。

111

2. 四种角色的应用

（1）背景色决定基调。背景色中墙面占据人们视线的中心位置，往往最引人注目。墙面采用柔和、舒缓的色彩，搭配白色的顶面及沉稳一些的地面，最容易形成协调的背景色，易被大多数人接受；与柔和的背景色氛围相反的，墙面采用高纯度的色彩为主色，会使空间氛围显得浓烈、动感，很适合追求个性的年轻业主。需要注意顶面、地面的色彩需要舒缓一些，这样整体效果会更舒适。

背景色与主角色属于同一色相，色差小，整体给人稳重、低调的感觉

背景色与主角色属于对比色，色差大，整体给人紧凑、有活力的感觉

（2）主角色构成中心点。不同空间的主角有所不同，因此主角色也不是绝对性的，例如，客厅中的主角色是沙发，而餐厅中的主角色可以是餐桌也可以是餐椅，而卧室中的主角色绝对是床。

客厅中沙发占据视觉中心和中等面积，是多数客厅空间的主角色

餐桌与背景色统一色彩，餐椅就是主角色，占据绝对突出的位置

卧室中，床是绝对的主角，具有无可替代的中心位置

（3）配角色和点缀色均需控制面积。在大部分的居室中，小件家具的数量都比较多，在配色时，需要特别注意其面积的控制，不能使总体面积超过主角色，否则会引起主次关系的混乱。点缀色也要控制面积。与配角色相反的是，点缀色的面积不宜过大，只有小面积、多数量的色彩才能起到活跃空间的点缀作用。

色相型配色

1. 同相型·类似型配色

完全采用统一色相的配色方式被称为同相型配色，用邻近的色彩配色称为类似型配色。两者都能给人稳重、平静的感觉，仅在色彩印象上存在区别。

2. 对决型·准对决型配色

对决型是指在色相环上位于 180° 相对位置上的色相组合，接近 180° 位置的色相组合就是准对决型。此两种配色方式色相差大，视觉冲击力强，可给人深刻的印象。

注意事项：

对决型配色不建议在家庭空间中大面积地使用，对比过于激烈会让人产生烦躁感和不安的情绪，若使用则应适当降低纯度，避免过度刺激；准对决型比对决型配色要略为温和一些，可以作为主角色或者配角色使用，若作为背景色则不宜等比例或大面积使用。

3. 三角型·四角型配色

在色相环上，能够连线成为正三角形的三种色相进行组合为三角型配色，如：红、黄、蓝；两组互补型或对比型配色组合为四角型。三间色组成的三角型比三原色要缓和一些，四角型醒目又紧凑。

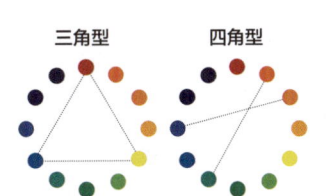

4. 全相型配色

在色相环上，没有冷暖偏颇地选取 5~6 种色相组成的配色为全相型，它包含的色相很全面，形成一种类似自然界中的丰富色相，充满活力和节日气氛，是最开放的色相型。通常来说，如果运用的配色有五种就属于全相型配色，用的色彩越多会让人感觉越自由。

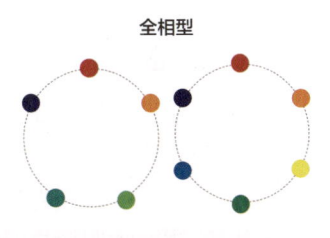

色彩数量的控制

色彩数量也制约着配色的最终效果。色调和色相是首先要考虑的两个因素，随后还应将色彩数量纳入设计中。实际上这与色相型是同一种原理，但如果对色相型不能完全理解，记住色彩数量与配色效果的关系也能够控制配色效果的开放程度。色彩数量多的空间给人自然、舒展的感觉；色彩数量少的空间给人内敛感，显得简练、雅致。

新手装修完全图典教程

合理应用光源

除去自然光源，灯光在我们的生活空间中起着不容忽视的作用，微调一下灯光可能会改变整个空间的效果，即便是最简单的灯光组合也能有出其不意的效果。因此，合理应用光源，能够为装修空间带来不一样的变化。

区分空间需求

1. 客厅

客厅里最好配置不同的灯具，可以满足不同情况下使用。客厅顶部可以安装隐藏式的射灯作为局部照明，同时也可以照亮视线盲点、窗帘等区域，防止夜晚客厅过于昏暗。

> 想要营造舒适、轻松的氛围，可以选择台灯或几个大型的灯具，它们足够满足客厅的光源需求

2. 卧室

卧室的灯光相对比较柔和，如果与卧室的自然光源交叉，那么就要在清理卫生和整理物品时，考虑更加实用的照明亮度。所以在卧室可以组合使用床头灯和顶灯来满足不同的需求。

> 床头灯可以选择在墙上设计一个可调节角度的壁灯，也可以在床头柜上放置一盏台灯

第 7 章

巧用细部设计，为空间加分

3. 厨房

在厨房，墙灯、吸顶灯或是装饰性的聚光灯，可以使厨房变得更为丰满，也能使使用者的心情变得舒朗。但是也要注意隐藏式射灯的安装位置，创造出无影灯的效果，这样在劳作时就不必为过多的阴影而发愁。

4. 餐厅

餐厅一般需要中等亮度的照明，壁灯、画灯和台灯都是不错的选择。组合使用或是单独使用可调节方向的射灯和装饰性吊灯，能为餐桌带来充足的光线。交叉放置低瓦数射灯与玻璃吊灯能够增加反射程度，丰富房间照明。

5. 书房

书房的灯光选择也非常重要。在顶部放置作为主要光源的顶灯，可以在学习或工作时提供良好的照明光线，如果书房面积较大，那么也可以在书桌及书柜旁放置台灯，提供更实用的局部照明。

6. 卫浴间

卫浴间通常需要既实用又不会产生阴影的灯光，这样才能确保在洗漱时看得清楚。但是氛围灯光在卫浴间也是可以进行使用的，如今，卫浴间也逐渐成为使用者放松的地点，因此，可以在墙壁上安装一些轮廓灯，或是在地面上安装低瓦数的地照灯。

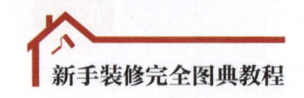

确定照明方式

1. 直接照明

光线通过灯具射出,其中 90%~100% 的光通量到达假定的工作面上,这种照明方式为直接照明。这种照明方式具有强烈的明暗对比,并能造成有趣生动的光影效果,可突出工作面在整个环境中的主导地位。

误区

直接照明看久后会产生眩晕感

分析:很多人误认为直接照明因为亮度太高而让眼睛产生不舒适感,但其实给人有刺眼的感觉并不是因为灯光照度太亮,而是直接照明的辉度造成眩光现象。

解决方法:
① 选择遮光角度较大的灯具,尽量避免眼睛直视灯源。
② 若房屋高度较低,尽量以间接照明取代直接照明。
③ 保证空间灯光均亮,避免明暗对比强烈。

2. 半直接照明

半直接照明方式是半透明材料制成的灯罩罩住光源上部,60%~90% 以上的光线集中射向工作面,10%~40% 被罩光线又经半透明灯罩扩散而向上漫射,其光线比较柔和。这种灯具常用于较低的房间的一般照明,由于漫射光线能照亮平顶,使房间顶部高度增加,因而能产生较高的空间感。

3. 间接照明

间接照明方式是将光源遮蔽而产生的间接光的照明方式,其中 90%~100% 的光通量通过天棚或墙面反射作用于工作面,10% 以下的光线则直接照射工作面。

注意事项:

通常有两种处理方法,一是将不透明的灯罩装在灯泡的下部,光线射向平顶或其他物体上反射成间接光线;一种是把灯泡设在灯槽内,光线从平顶反射到室内成间接光线。这种照明方式单独使用时,需注意不透明灯罩下部的浓重阴影。

4. 半间接照明

半间接照明方式,恰和半直接照明相反,把半透明的灯罩装在光源下部,60% 以上的光线射向平顶,形成间接光源,10%~40% 部分光线经灯

罩向下扩散。这种方式能产生比较特殊的照明效果，使较低矮的房间有增高的感觉。也适用于住宅中的小空间部分，如，门厅、过道等，通常在学习的环境中采用这种照明方式，最为相宜。

5. 漫射照明

漫射照明方式，是利用灯具的折射功能来控制眩光，将光线向四周扩散漫散。这种照明大体上有两种形式：一种是光线从灯罩上口射出经平顶反射，两侧从半透明灯罩扩散，下部从格栅扩散；另一种是用半透明灯罩把光线全部封闭而产生漫射。这类照明光线性能柔和，视觉舒适，适于卧室。

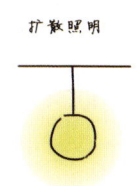

选择合适光源

1. 白炽灯

白炽灯灯泡的瓦数不同，造型大小各异，但是成本低廉，售价便宜。这些灯泡被普遍用在台灯、落地灯或是吊灯中。白炽灯的灯光会有光蜡烛的效果，灯影较为微弱，能够给人一种柔和、温暖的感受。但是通常白炽灯能量消耗的 90% 都是热能而非光能，因此比较耗电，损耗率也较高。

➕ **优点**：灯体和光影散发光影质感。
➖ **缺点**：耗电、损耗率高。

2. 卤素灯

卤素灯可以称为白炽灯的升级版，在相同瓦数下，标准电压的卤素灯比标准的白炽灯更亮。卤素灯的演色效果好，即能使物体的表面色泽更鲜艳，并且能够打出光影感。但是卤素灯的价格相对较高，并且会产生很多热量。

➕ **优点**：人与物体色彩漂亮；投影性强。
➖ **缺点**：热能较高。

3. 日光灯

日光灯也叫荧光灯，当在室内使用时，只有 30% 会转化成热能，比白炽灯的温度低，耗能也更少。日光灯的光感糅合，大面积泛光功能较强。但是在日光灯下观看彩色物体表面颜色，会容易产生色偏。

➕ **优点**：大面积泛光能力强。
➖ **缺点**：光影缺乏美感。

4. LED

LED 又称发光二极管，它没有灯丝，所以不会产生热量或是烧坏，可以将大部分的电直接转换成光能，可以有效地减少用电量。LED 可以单独作为一个照明设备，例如，作为隐藏式的地照灯或嵌入吊顶中作为装饰光源。但是 LED 的光源投射的角度比较集中，不适合作为某些空间的主要光源使用。

➕ **优点**：可结合调光系统，制造空间情境；体积小。
➖ **缺点**：投射角度集中。

选用亮眼装饰

合理亮眼的装饰可以对室内进行再次地装点和布置，使空间变得丰富起来，更方便人们的使用。室内环境的氛围和风格大部分是依靠软装饰来主导的，如果没有恰当的软装，空间的装饰效果会大打折扣，所以选择正确的装饰品不仅能体现个人品味，并且也能烘托居室氛围。

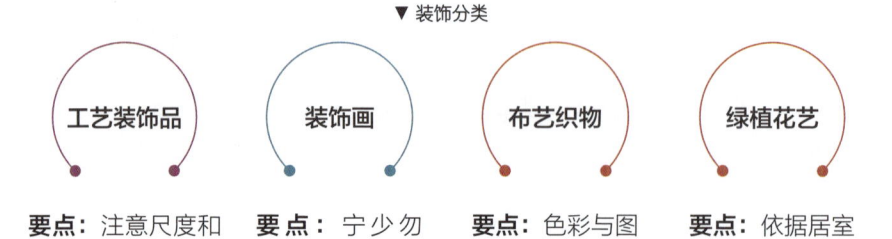

▼ 装饰分类

工艺装饰品	装饰画	布艺织物	绿植花艺
要点：注意尺度和比例	**要点**：宁少勿多，宁缺毋滥	**要点**：色彩与图案要与整体和谐	**要点**：依据居室风格选择

工艺装饰品

1. 铁艺装饰品

铁艺装饰品是家居中常用的装饰元素，无论是铁艺烛台，还是铁艺花器等，都可以成为家居中独特的美学产物。铁艺在不动声色中，被现代的工艺变幻成了圆形、椭圆形、直线或曲线，变成了艺术的另一种延伸和另一种表现力。只要运用得当，铁艺与其他配饰巧妙地搭配，便能为居室带来一种让人心情愉悦的和谐气氛。

注意事项：

复古空间给人大气的感觉，铁艺雕花是很好的装饰品，其稳重的特性与居室的整体风格一致，又能为空间带来一丝华丽气息。但由于铁艺饰品色泽暗淡，容易给人以沉重感，所以在家居空间中不宜过多使用。

2. 陶艺装饰品

陶艺饰品的摆放原则是宜精不宜多，要与整体家居环境相和谐，既要考虑到空间的

第 7 章
巧用细部设计，为空间加分

大小、风格，也要考虑到家具式样、颜色。一般情况下，面积较小的房间，放上一个大陶雕，会有喧宾夺主的感觉。

陶艺装饰品分类

名称	特点	图例
组合陶艺	◎ 造型各异、大小不同 ◎ 能让空间呈现出高雅的氛围 ◎ 注意陶艺品之间的色彩、形状要搭配得当 ◎ 适合比较宽敞的居室	
挂式陶艺	◎ 把不同的图案烧制成壁画、瓷盘挂在墙上的陶艺饰品 ◎ 墙上可以设置专门的彩色灯光照在瓷盘上，突出图案的艺术特色 ◎ 可将家庭相片描绘在瓷盘上，也别具特色	
雕塑型陶艺	◎ 用接近于本色的陶泥，雕塑出栩栩如生的人物、动物或其他事物的造型 ◎ 置于房间的一角和案头，会给房间带来艺术气息 ◎ 可分为微雕、浮雕、影雕 ◎雕塑品基本上都是手工活，很有收藏价值，装饰性也很强	

3. 玻璃装饰品

玻璃饰品通透、多彩、纯净、莹润，颇受人们的喜爱。在厚重的家具体量中，轻盈的玻璃饰品可以起到反衬和活跃气氛的效果；在华贵的装饰中用玻璃制品，可以突出静谧高贵的气质；在鲜艳热闹的场合里用描金的彩绘玻璃品，可以合奏出欢快的气氛。

装饰画

1. 中国画

中国画具有清雅、古逸、含蓄、悠远的意境，不管是山水、人物、还是花鸟，均以立意为先，特别适合与中式风格装修搭配。中国画常见的形式有横、竖、方、圆、扇形等，可创作在纸、绢、帛、扇面、陶瓷、屏风等物上。

水墨画展现出淡雅的艺术气息

2. 摄影画

摄影画是近现代出现的一种装饰画，画面包括"具象"和"抽象"两种类型。摄影画的主题多样，根据画面的色彩和主题的内容，搭配不同风格的画框，可以用在多种风格之中。

大方个性的摄影画可搭配现代风格

3. 油画

油画具有极强的表现力。油画具有丰富的色彩变化，透明、厚重的层次对比，变化无穷的笔触及坚实的耐久性。欧式古典风格的居室，色彩厚重、风格华丽，特别适合搭配油画做装饰。

大幅油画十分适合简欧风格客厅

4. 工艺画

工艺画是指用各种材料通过拼贴、镶嵌、彩绘等工艺制作成的装饰画，不同的装饰风格可以选择不同工艺的装饰画做搭配。

彩绘花植工艺画使客厅充满自然感

TIPS

照片墙放置后显得杂乱不堪？

相框的颜色不一致是杂乱的主要原因，将所有相框统一粉刷成白色或者其他中性色调，这样尽管形状不同，但整体色调是一致的。然后把照片扫描并黑白打印出来，只留一张彩色照片作为闪亮焦点。把相片陈列在墙面的相片壁架上，靠墙而立，并且随时更换新的照片作品。分层次展示的时候可以在每层选择一个彩色相片作为主角，用其他的黑白照片来陪衬。

布艺织物

1. 窗帘

　　窗帘在空间中的占有面积较大，但通常情况下，窗帘是空间内的衬托性软装，来烘托空间内的家具主题、装饰品主题等。因此，窗帘的选择就不易太繁杂，而是要注重与其他软装之间的搭配。

　　在空间内其他布艺织物的设计样式丰富时，窗帘适合搭配相对简洁的样式；当空间内的布艺织物样式单调时，窗帘适合搭配相对丰富的样式。将空间的整体设计综合在一个舒适的点上，既富有设计感，又不会显得杂乱。

2. 床上套件

　　要体现出空间的整体设计感，就不单需要床品的样式精美，而是需要床品的样式与空间内的墙面设计、软装搭配相互呼应。比如，墙面选择张贴花纹壁纸，那么床品同样搭配花纹壁纸；地毯选择纹理丰富的样式，床品则搭配相对简洁的样式等。

3. 地毯

　　客厅的地毯颜色要略突出于沙发的整体色调；餐厅的地毯要将餐桌与桌椅整个包裹起来；卧室内的地毯占有床的一角就可以了，并不需要颜色上的相近或对比。同时，若家具的设计简洁，地毯就要选择纹理丰富一些的；若家具的设计繁复，地毯则要简洁，以衬托出家具的主体。

地毯的色调要突出于地面瓷砖或地板

　　突出于地面的瓷砖或地板有两种方式。一种是地毯的色调偏深，地面的颜色偏浅，使地毯成为空间内的视觉主体；一种是地毯的色调偏浅，地面的颜色偏深，这样也可以使地毯的区域突出出来。总之，通过色彩深浅的变化设计出来的地毯，可使空间的设计更加丰富，也更具视觉纵深感。

4. 抱枕

　　抱枕不同于窗帘、床品等有较大的覆盖面积，一个抱枕的大小通常只有半平方米不到。因此，在设计中抱枕起到的是点缀效果，而抱枕的样式越突出，配色越大胆，其装饰效果就越明显。但抱枕的搭配也要在合理的范围内，不能完全的孤立出来设计。

> 当沙发的颜色比较单一时，选择颜色丰富的抱枕点缀，可以减少单调感

绿植花艺

1. 装饰花艺

花艺的色彩，首先要能够表达出插花人所要表现出的情趣，或鲜艳华美，或清淡素雅。其次，远看时进入视觉的是花艺的总体色调，总体色调不突出，画面效果就弱，作品容易出现杂乱感，而且缺乏特色；近看时，要求色彩所表现出的内容个性突出，主次分明。

正确运用色彩的重量感，可使色彩关系平衡和稳定。例如，在插花的上部用轻色，下部用重色，或者是体积小的花体用重色，体积大的花体用轻色。

陶艺装饰品分类

名称	特点	图例
中式花艺	◎ 强调自然的抒情，优美朴实的表现 ◎ 讲究优美的线条和自然的姿态，以优雅见长 ◎ 布局高低错落，俯仰呼应，疏密聚散，清雅流畅 ◎ 色彩淡雅明秀，造型简洁	
日式花艺	◎ 花枝少，着重表现自然姿态美，讲求禅意的塑造 ◎ 多采用浅、淡色彩，一般只用2~3种花色 ◎ 造型多运用青枝、绿叶来勾线、衬托 ◎ 形式上追求线条、构图的变化 ◎ 以简洁清新为主，讲求浑然天成的视觉效果	
西方花艺	◎ 西方花艺也称欧式花艺 ◎ 使用的花材数量较多，追求繁盛的视觉效果 ◎ 布置形式多为几何形式 ◎ 比较多的是讲究对称型的插法 ◎ 注重花材外形，追求块面和群体的艺术魅力 ◎ 色彩力求浓重艳丽，意在创造出热烈的气氛	

2. 绿植盆栽

在室内摆饰植物，数量宜少而精，不要摆得太多、太乱，容易使人感觉拥挤不堪，它的作用是点缀及美化环境，并不是装饰的主体。同时，在选择绿植的造型时，还宜结合家具的造型，如长沙发后侧，放一盆较高的植物，就产生一种高低变化的节奏美，如果是一组植物或同一空间内的植物，大小组合摆放，会更有节奏感。

▲ 在客厅摆放一盆绿植，具有美观的装饰效果

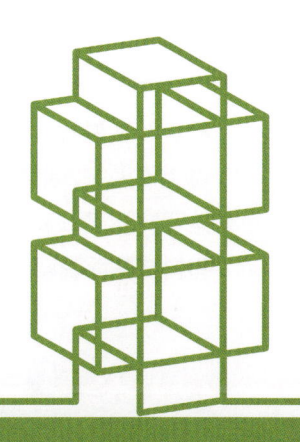

第 8 章
建材选购不怕烦，空间格调自然高

提到装修建材，多数人都会感觉迷茫，因为其种类实在太多，体系又非常繁杂，还不断地有新型材料问世。然而家装又离不开建材，合理的材料搭配是家装整体设计能够成功的关键要素之一。了解常用建材选购特点，不仅可以降低装修预算，也能更好地利用装修材料打造出更实用美好的家居。

新手装修完全图典教程

确定购买建材的顺序

装修工作千头万绪，耗时耗力耗财，在开工时往往不知道该从何入手，手忙脚乱。俗话说万事开头难，装修也一样，但是如果能有序、有准备地把开工前的准备工作做好，那在装修时会少了很多烦恼。在确定装修公司以后，最主要的就是购买材料了，装修材料的购买不能等到装修开始后才开始，那样可能会出现因为材料缺失而耽误工程进度的情况，所以很多时候材料的购买是要比装修更早一步。

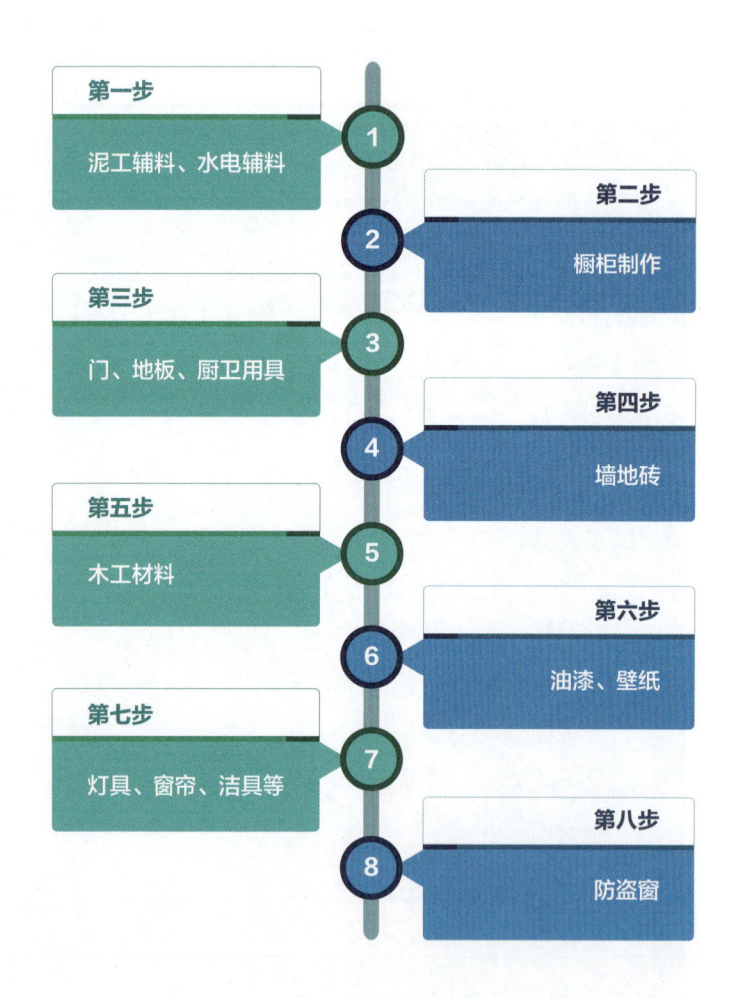

第一步 1 泥工辅料、水电辅料

第二步 2 橱柜制作

第三步 3 门、地板、厨卫用具

第四步 4 墙地砖

第五步 5 木工材料

第六步 6 油漆、壁纸

第七步 7 灯具、窗帘、洁具等

第八步 8 防盗窗

第8章

建材选购不怕烦，空间格调自然高

建材购买顺序

（1）设计师、业主、施工人员进场交底，泥工按照施工图进行墙路划线，双方确认墙路线路分布无误，便可购买泥工辅料进场（水泥、河沙、零点石、钢筋、防水剂等）。

（2）泥工基础砌墙完工后，水电工划线定位、开线槽；电工上报所需的水电辅料（电线、线管、水管、网络线、电话线、监控线等）。在水电工开线槽期间，业主需要联系橱柜公司到现场确认橱柜的位置（如果橱柜是现场做石板，那么等石板进场再安排师傅量尺寸）。不要忘记开始订购各类门（入户大门、房门、卫生间门、铝合金门、淋浴间玻璃门等）、木地板、空调系统、厨卫三件套、热水器、淘菜盆、蹲便器、马桶、洗漱盆、地漏等。

橱柜预订尽量提前

橱柜可早定或施工方进场三至五天前定购，因为橱柜水电图是由橱柜厂家出（定制类产品需要一个月左右的工期），设计师交付水电图到业主手中，这样，就不会延误打线槽；烟机灶一般在定橱柜的时候就应该考虑，橱柜台面的开槽需要烟机灶的尺寸，厨房吊柜也需要油烟机的尺寸配合。

（3）水电工开线槽完工后（一般开线槽的时间为2~3天即可），开始布水电线路，（业主需要联系专业打孔开空调洞、热水器排气孔），业主开始着手定购墙、地砖（数量参考装修报价单，也可由商家提供），并把蹲便器拉到现场工地，同时联系石板厂家到现场量石板尺寸。

注意事项：

墙地砖可早定或施工方进场三至五天前定购，一般泥水工大概在开工后的10天进驻，这个时候就需要墙地砖进场了。

（4）水电完工后（一般水电安装的时间为一个星期）及空调系统前期布管完成后，泥工进场基础改造，此时业主需要把墙、地砖、地漏等拉到现场并安排石板同时进场。各类门也可以陆续安排进场，厕所铝合金门、阳台推拉门框、（阳台外护栏增加或原有门窗更换）房门门斗（房门如果是成品免漆门先预留门洞位置，待油漆进场前再安排安装）、入户大门等。

注意事项：

石板的款式最好在选瓷砖的时候一起确定，瓷砖一进场，石板也要相应配合进场。

（5）在卫生间防水工程完工后，如果卫生间需要做隔断或者淋浴房，业主此时可以通知厂家进场量尺寸并开始制作。

确定淋浴间地板材质后再施工

如果业主选购的是成品的淋浴间房，那么先确定淋浴间地板是贴砖还是贴石板，待卫生间全部完工后再进行淋浴间房的安装。

6.泥工基础改造完成后，业主选好安装大门及炉灶的日子便可安排泥工进行安装（炉灶安装之前业主需提前预约煤气管道人员预埋煤气管）。

125

（7）在泥工前期改造完工后（一般在水电完工后10~15天内），施工方安排木工师傅估算木工材料（3×4木条、膨胀螺丝、白乳胶、钢钉、铁钉、合板、生态板、饰面板等），待材料进场后便可开始吊顶工程或其他木工制作工程。

（8）木工基础吊顶完成后（卫生间及厨房的吊顶如果选择铝扣板吊顶，业主可以安排厂家过现场测量平方数及安装，同时配齐排气扇、浴霸、筒灯、吸顶灯等的尺寸，方便施工人员一起开孔），木工开始制作家具（衣柜、电视柜、备餐台柜、展柜等一系列柜），业主配齐各类五金配件（衣通管、裤架、合页、铰链、格锁、拉手等）。

（9）厨房吊顶完工后，业主可以安排橱柜公司去现场再次确认橱柜的尺寸，无误后便可下单开始订做。如果炉灶及吊柜都是现场制作，那么此时业主必须把厨房三件套（抽油烟机、燃气炉、消毒碗柜）送到现场，施工人员根据电器的尺寸留好相应的位置。

注意事项：
此时如果业主选购的空调系统是藏式风管机的，空调机必须先安装；家具等一系列柜类是外购订制的话，那么业主可以着手找厂家确定款式方案。

注意事项：
如果家具等一系列柜类是外购订制的话，那么业主预约厂家上门测量。此时如果入户内门、房门是实木房门，那么可以安排厂家过现场安装，同时房门五金配件配齐，如门锁、合页、拉手等。

（10）木工全部完工后，施工方则将安排油漆工进场，在油漆工进场时如果您是选择贴墙纸可以在此时开始预定墙纸（因为墙纸一般都是从外地发货，无现货，一般有10天左右的周期）；此时油漆材料也要提前安排进场（复粉、108胶水、熟胶粉、石膏粉、乳胶漆、家具漆等）。

（11）在油漆工第一遍底漆完工后，如果业主选购的是成品套装门，那么此时业主需要通知安装套装门和门套（在安装套装门时业主需要购买五金件，比如，锁，合叶，拉手、门吸等）；如果厨房或卫生间是滑门，那么门套安装好后就需要让滑门量尺寸并开始制作。

门可提早预订

门可早定或施工方进场三至五天前定购，这是一个可长可短的主材配送，短的可能半月即能送货，长的差不多穿越了大半个装修工期，这也是延误工期限一个较致命环节。

（12）门安装好后，油漆工在进行基层完全处理并待干后开始乳胶漆上漆（如果是全墙纸则通知油漆工进行墙纸基层处理），在上漆期间（或贴墙纸期间）业主需要着手购买预定木地板、灯具、窗帘、洁具、开关面板、挂件等。

（13）油漆工完工后，清洁工进行第一次清洁后，业主需要把灯具、洁具、开关面板、五金挂件、热水器等电器拉到工地安装。此时可以安排厨房及卫生间滑门、淋浴间房等厂家上门安装。联系防盗窗、隐形网、防蚊网等厂家到现场测量尺寸并着手制作。

（14）灯具和洁具安装完毕后，业主通知木地板进场安装，木地板及防盗窗系统安装完毕后，进行第二次清洁，清洁完工后，最后一道工序业主可以通知窗帘、家具等进场。

第 8 章

建材选购不怕烦，空间格调自然高

装修进度顺序	业主同步材料准备	业主注意事项
水电改造	（1）水电改造前，请橱柜设计员应上门进行第一次测量，帮你确定好电源、水路的改造方案； （2）热水器最好派人来根据所确定的型号，设计好电源、接口的位置； （3）订瓷砖、吊顶、开关、灯具、台盆、浴缸、洗衣机	一定要先确定好开关、灯具、台盆、浴缸、洗衣机等等确切位置。厨房、洗手间做防水工程，有条件的卧室客厅都可以做处理
包立管、贴瓷砖	（1）订购瓷砖，同时家具要提早定做，留好工期，一般至少要 15 天左右； （2）贴砖前，要买好地漏； （3）同时应确定并订好水盆、龙头； （4）请橱柜师傅第二次实量； （5）准备买油漆和稀释剂	包立管用轻钢龙骨或者红砖。轻钢龙骨省地方，但最牢固好用的是红砖
油漆工、刷墙	（1）瓷砖进场； （2）墙面是否需要做壁纸、墙布、艺术背景； （3）木门定做上门测量、窗户定做测量尺寸	对于木工活，大芯板沉底，饰面板贴面，然后才能上油漆
壁纸	（1）准备购买面板、插座、壁纸； （2）提前选购木地板、地毯等	墙漆刷好后，油工会在需要贴壁纸的地方刷硝基漆，漆隔天就可以干透，然后就可以约师傅贴壁纸
安装插座面板		
厨卫吊顶	（1）应购买卫生间厨房所用吊顶；所需装浴霸，请在吊顶前购买并安装。 （2）准备购买：晾衣架、窗帘杆、灯具、洁具、卫浴五金件	最好买铝扣板吊顶，即使多年后拆掉不用，卖废铝都值钱。反观 PVC 扣板，虽好看，但质量、性能都一般
安装橱柜	准备联系好清洁保洁公司（自己有时间亲自动手的除外）	安装橱柜是个配合工程，应该提前约好烟机、灶具和水槽。最好同一天送来并跟橱柜一起同时安装
安装成品门	（1）选用木地板的可以安排地板上门测量（地板周期在 15~20 天）； （2）装完门窗后木地板可以进场施工，最后统一做清洁	先装地板后装门，地板上可能会磕出很多小坑
安装晾衣架、窗帘杆、卫浴五金件、卫生清洁保洁		
家具、家电进场	（1）木地板、窗帘、软装进场、清洁做完； （2）可以考虑购买软装饰品，如，装饰画、绿植花卉等	家具进场前，应备好一次性鞋套、几盒活性炭、梯子、地板保护膜等工具

127

分清建材档次

选材是家庭装修中非常重要的一个环节，材料选用的正确与否不仅关系到最终的装修效果，而且是影响装修成本的一个重要因素。但材料更新换代迅速，新型建材不断涌现，想要挑选出物美价廉的建材，先要学会划分建材的档次。

常见建材档次

1. 瓷砖的等级划分

瓷砖按国家标准规定的等级划分为两个级别：优等品和一级品。优等品是最好等级，一级品是指有轻微瑕疵的产品。另外，瓷砖的等级区分中有一种最低档的称为渗花，不仅砖体表面不耐磨，且防污性能差。

2. 板材的等级划分

板材的等级划分首先是市场比较普遍的 E 级，分为 E0、E1、E2 三个等级。这是根据欧洲环保标准，将木制品按照甲醛释放含量分为的三个等级。E0 级是指甲醛释放量 ≤ 0.5mg/L、E1 级是指甲醛释放量 0.5mg~1.5mg/L、E2 级则是甲醛释放量大于 1.5mg/L。

3. 涂料的等级划分

A 类原装进口涂料主要是采用欧美高标准原材料，因此，产品在环保、调色、物理性能等各个方面都具备超凡的水平；B 类国际品牌国内生产的涂料设备、工艺、质量较好，但广告投入大，广告费用在价格中所占比例较高；C 类品牌的涂料主要为油性聚酯漆、低价工业漆和工程用漆。

4. 壁纸的等级划分

一等壁纸是以美国、瑞典等国家的壁纸品牌为代表的纯纸及无纺壁纸，此类壁纸高度环保，使用寿命长，色彩、工艺堪称完美；二等壁纸是以荷兰、德国、英国为代表的低发泡和对版压花壁纸，其环保指数为国内的几倍甚至几十倍；三等壁纸则为国产及韩国壁纸，主要以 PVC 材料为主。

计算材料用量

建材选购不怕烦，空间格调自然高

在装修过程中，业主常会遇到材料不够的情况。当施工进行到一半时，发现材料不够，不仅影响施工进程，而且也会因为临时购买而造成预算支出的增加，所以在购买材料前，业主要学会计算大致的材料的用量，这不仅能为后期省心省力，还能减少意外支出，保证预算不超支。

家装电线用量

首先要确定门口到各个功能区最远位置的距离 A，把上述距离 A 量出来后，确定各功能区灯的数量和各功能区插座数量以及各功能区大功率电器数量。

> 计算公式：
> ① 1.5mm 电线长度 =［(A+5m) × 灯具总数］× 2
> ② 2.5mm 电线长度 =［(A+2m) × 插座总数］× 3
> ③ 4mm 电线长度 =［(A+2m) × 大功率电器总数］× 3

水管用量

水管的实际使用情况千差万别，在改造厨房、卫生间的时候，其布局的方式会直接影响到水管的用量，因此，厨房、卫生间里的水路连接设备应该尽量集中在一面墙上，方便施工，节约资金。在计算

> 计算公式：
> 供水管的用量 = 施工间的周长 ×2.5
> （供水管是指冷水与热水管的总长之和；施工房间是指独立的厨房或卫生间）

时，可以根据实际情况上下浮动 30%。排水管的用量不能直接确定，因为有的房间已经铺设好了排水管，如果没有分支排水管，那么用量就和房间的长边长度相等。

水泥河沙用量

一般家庭装修使用的水泥河沙比为 1∶3。水泥密度是 1200~1600kg/m^3，1 立方普通混泥土重量为 2400kg，铺地砖（5cm 厚为干铺例）1 包水泥（50kg）可以铺 2m^2

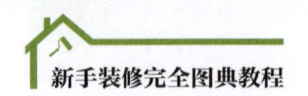

的地砖，假设海螺水泥 25 元 / 袋，那么平均 12.5 元 /m²；墙砖 1 包水泥可以铺 5m²，假设海螺水泥 25 元 / 袋，那么平均 5 元 /m²；地面找平可以用 1：4 的比例，1m²（5cm 厚）地面找平需要 24g 水泥，96g 河沙，假设海螺水泥 25 元 / 袋，河沙 3.6 元 / 袋（30~35 斤），那么平均 =（3.6×3+25/4）=17.05 元 /m²。

实木地板

实木地板常见规格有（900×90×18）mm、（750×90×18）mm 和（600×90×18）mm，木地板的施工方法主要有架铺、直铺和拼铺三种，但表面木地板数量的核算都相同，只需将木地板的总面积再加上 8% 左右的损耗量即可。但对架铺地板，在核算时还应对架铺用的大木方条和铺基面层的细木工板进行计算。核算这些木材可从施工图上找出其规格和结构，然后计算其总数量。如施工图上没有注明其规格，可按常规方法计算数量。

> 计算公式：
> ① 粗略的计算方法
> 使用地板块数 = 房间面积 ÷ 地板面积 × 1.08
> ② 精确的计算方法
> 使用地板块数 =（房间长度 ÷ 地板长度）×（房间宽度 ÷ 地板宽度）

复合地板用量

复合地板常见规格有（900×90×18）mm、（750×90×18）mm 和（600×90×18）mm。复合木地板在铺装中常会有 3%~5% 的损耗，如果以面积来计算，千万不要忽视这部分用量。它通常采用软性地板垫以增加弹性，减少噪音，其用量与地板面积大致相同。

> 计算公式：
> ① 粗略的计算方法
> 使用地板块数 = 房间面积 ÷ 0.228 × 1.05

地砖用量

常见地砖规格有（600×600）mm、（500×500）mm、（400×400）mm 和（300×300）mm。根据户型不同，地砖质量不同，损耗率为 1%~5%。地面地砖在核算时，考虑到切截损耗、搬运损耗，可加上 3% 左右的损耗量。铺地面地砖时，每平方米所需的水泥和砂要根据原地面的情况来定。通常在地面铺水泥砂浆层，其每平方米需普通水泥 12.5kg，中砂 34kg。

> 计算公式：
> ① 地砖之间的拼缝每 100 平方用量 =100 ÷ [（块料长 + 灰缝宽）×（块料宽 + 灰缝宽）] ×（1+ 损耗率）
> ② 用砖数量 =（房间长度 ÷ 砖长）×（房间宽度 ÷ 砖宽）

乳胶漆用量

乳胶漆的包装基本分为 5L 和 15L 两种规格。以家庭中常用的 5L 容量为例，5L 的理论涂刷面积为两遍 35m²。以上只是理论涂刷量，因在施工过程中涂料要加入适量清水，所以以上用量只是最低涂刷量。

> 计算公式：
> ① 粗略的计算方法：使用桶数＝地面面积 ×2.5÷35
> ② 精确计算方法：使用桶数＝（墙面面积＋顶面面积－门窗面积）÷35
> （墙面面积＝（长＋宽）×2× 房高；顶面面积＝长 × 宽）

墙纸

常见墙纸规格为每卷长 10m，宽 0.53m。因为墙纸规格固定，因此，在计算它的用量时，要注意墙纸的实际使用长度，通常要以房间的实际高度减去踢角板以及顶线的高度。另外，房间的门、窗面积也要在使用的分量数中减去。这种计算方法适用于素色或细碎花的墙纸。墙纸的拼贴中要考虑对花，图案越大，损耗越大，因此，要比实际用量多买 10% 左右。

> 计算公式：
> ① 粗略的计算方法：墙纸的卷数＝地面面积×3＝墙纸的总面积 ÷（0.53×10）
> ② 精确计算方法：墙纸的卷数＝墙纸总长度 ÷ 房间实际高度＝使用的分量数 ÷ 使用单位的分量数

平开帘

普通窗帘多为平开帘，计算窗帘用料前，首先要根据窗户的规格来确定成品窗帘的大小。成品帘要盖住窗框左右各 0.15m，并且打两倍褶，安装时窗帘要离地面 1~2cm。

腻子胶、墙漆用量

现在的实际利用率一般在 80% 左右，厨房、卫生间一般是采用瓷砖、铝扣板的，该部分面积大多在 10 平方米，该计算方法得出的面积包括天花板，吊顶对墙漆的施工面积影响不是很大，可以不予考虑。

> 计算公式：
> 墙漆施工面积＝（建筑面积 ×80%-10）×3

地面石材

地面石材耗量与瓷砖大致相同，只是地面砂浆层稍厚。在核算时，考虑到切截损耗，搬运损耗，可加上 1.2% 左右的损耗量。铺地面石材时，每平方米所需的水泥和砂要根据原地面的情况来定。通常在地面铺 15mm 厚水泥砂浆层，其每平方米需普通水泥 15kg，中砂 0.05m³。

新手装修完全图典教程

掌握材料选购要点

材料的好坏决定着住房的质量以及后期业主居住的舒适度。但是，目前很多业主对于材料的选购往往缺少识别的能力，加上品牌的繁多、材料种类的杂乱、商家的夸大宣传等都影响着业主选购材料的判断力。所以，除了将采买的任务外包给装修公司以外，业主还应该掌握一些选购材料的常识和小技巧，为日后能够住上高质量又舒适的房屋而做准备。

影响材料选购的因素

现在，很多业主在装修房屋时都喜欢自己去购买装修用的装修材料，原因一是减少了很多不必要的纠纷烦扰，顺便增加了家居的满意度；原因二是可以美化规划自己的家。但是，除考虑如何识别伪劣的材料外，还有很多因素也影响着材料的选购，并且不容忽视。

▼ 影响材料选购的因素

| 家庭成员考虑 | 空间特性 | 预算高低 | 空间风格 |

1. 家庭成员的考虑

挑选材料首要考虑的要点是居住人群，如果家中有老人或者行动不便的人群，那么质地较硬、表面光滑的大理石、抛光砖等尽量少用；如果家中有宠物的，地毯、地板这些材料尽量少使用，以免遭到破坏；如果家中有小孩，铁质、造型特别的家具要少用，以免误伤小孩。

▲ 大理石地面表面光滑，不适合老年人行走

2. 空间特性

不同的材料有不同的优缺点，并非一种材料全屋都适用，即便是地面装修材料，也需要按照功能分区来选择。客厅、卧室、书房，可考虑地砖或者木地板，卫生间、厨房、阳台这些对防潮要求高的空间，应避免使用地板，防滑瓷砖是不错的选择。

▲ 卧室使用实木地板能带来更舒适的休憩环境

▲ 阳台采用防滑耐磨的地砖更实用

3. 预算高低

建材的品质、做工、品牌不同，相对的价格差也比较大。以地面装修材料为例，大理石等天然石材价格最贵的几万元一平方米，PVC 地板最便宜的有十几元一平方米。当装修预算不高时，挑选建材要更倾向于实用，因而合理调整材质，巧妙寻找替代建材是最聪明的解决方案。

4. 空间风格

家居风格各有不同，而且差异比较大，家居风格是由不用的建材来体现的。如，家居偏向简洁高尚的，可以考虑大理石、抛光砖这些偏硬的建材；家居偏向乡村、地中海等温馨感觉的，木地板、木材等这些自然材料则更加合适。

> 地中海风格自然浪漫，多用木质材料来体现

常见材料选购要点

材料名称	图例	选购要点
龙骨		（1）要观察表面是否平整、清晰，内外质地是否一致，以及表面的纹路或图案是否清晰 （2）龙骨的横切面头尾要光滑均匀，不能大小不一；棱角应清晰，切口不能有影响使用的毛刺与变形
石膏板		（1）高纯度的石膏芯主料为纯石膏，从外观看，好的石膏芯颜色发白，而劣质的石膏芯颜色发黄，色泽暗淡 （2）用壁纸刀在石膏板的表面画一个"×"，在交叉的地方撕开表面，优质的石膏板纸层不会脱离石膏芯，而劣质石膏板的纸层可以轻易撕下来，使石膏芯暴露在外
PVC扣板		（1）PVC扣板的截面为蜂巢状网眼结构，两边有加工成形的企口和凹榫，挑选时要注意企口和凹榫是否完整平直，互相咬合是否顺畅，局部是否有起伏和高度差现象 （2）产品的性能指标应满足热收缩率＜0.3%、氧指数＞35%、软化温度80℃以上、燃点300℃以上、吸水率＜15%、吸湿率＞4%
人造石材		（1）手摸人造石样品表面有丝绸感、无涩感，无明显高低不平感。用指甲划人造石材的表面，应无明显划痕 （2）看样品颜色是否清透不混浊，通透性好，表面无类似塑料的胶质感，板材反面无细小气孔
釉面砖		（1）灯光或物体经釉面反射后的图像，应比普通瓷砖成像更完整、清晰 （2）将釉面地砖表面湿水后进行行走实验，能有可靠的防滑感觉

第 8 章
建材选购不怕烦，空间格调自然高

续表

材料名称	图例	选购要点
乳胶漆		（1）可将少许涂料刷到水泥墙上，干后用湿抹布擦洗，高品质的乳胶漆耐擦洗性强，而低档的乳胶漆只擦几下就会出现掉粉、露底的褪色现象 （2）真正环保的乳胶漆应是水性无毒无味的，如果闻到刺激性气味或工业香精味，可能为劣质品，应慎重选择
复合地板		（1）将地板对半破开，看里面的基材。好的基材里面没有杂质，颜色较为纯净；差的基材里能看见大量杂质 （2）一般情况下，复合地板的耐磨转数达到 1 万转为优等品，不足 1 万转的产品，在使用 1~3 年后就可能出现不同程度的磨损现象
壁纸		（1）可以闻一闻有无刺鼻气味，有刺鼻气味、色彩混浊、折印、退色等问题的，属不合格品 （2）颜色、花型要与居室整体相协调。墙纸的色调如果能与家具、窗帘、地毯、灯光相配衬，居室环境则会显得和谐统一
细木工板		（1）注意板材的表面是否平整、有无凹凸、是否弯曲变形。好的板材四边平直，侧口芯板排列整齐、无缝隙，无发霉及过多的树眼 （2）剖切板材查看板芯，连接紧密芯材板条大小均匀
灯具		吊灯的厚度应小于吊灯最大直径的三分之一，吊灯罩面距顶部的净高度与吊灯厚度的比为 1 时比较合适
塑钢门窗		（1）优质的塑钢门窗应该是青白色的，而不是通常人们认为的白色 （2）看外观是否光洁无损、焊角是否清理整齐、五金件是否配齐、有无钢衬、是否是正规厂家

135

材料选购技巧

1. 挑选信誉好的品牌

想要挑选到好的材料，可以先从品牌上入手，特别是对于没什么经验的装修材料来说，挑选口碑好、信誉良好的商家很重要。业主可以到家居网站、家居论坛或听听装修过的朋友了解品牌情况。

2. 价格贵不一定好

好的建材不一定贵，贵的也不一定都是好的。相对于大理石来说，瓷砖的价格相对便宜，虽不如大理石的华丽质感，但款式挑对了，也同样达到想要的效果，而且瓷砖比大理石更容易保养。所以挑选时候，根据自身的预算和需求确定哪些材料必须买，哪些材料可替代。

3. 买多更省

家居装修挑选材料一般是有针对性的，不同地方选择不同材料。但在购买建材过程中，往往是买越多越实惠，因此，在购买过程中，可以考虑统一建材，比如，卫生间和厨房可以使用统一款式的地砖和瓷砖，购买量大了，得到的折扣相对也较多。

4. 根据材质挑选购买

挑选建材还有一个要点，根据材料来挑选购买。比如，油漆、钉子、螺丝可以就近原则到附近的五金店购买；地板、瓷砖、卫浴产品这些可以到大型建材卖场，种类多且有保障。在建材市场购买时，最好可以有专业人士陪伴，基本上都能淘到好货。

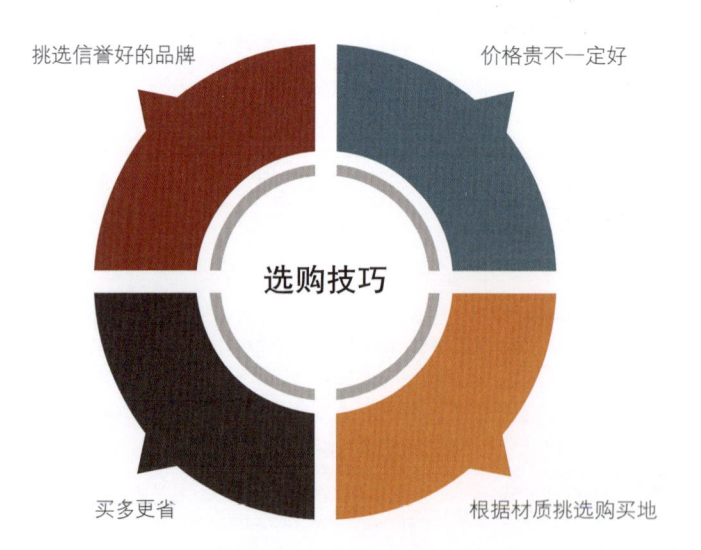

挑选信誉好的品牌　　价格贵不一定好

选购技巧

买多更省　　根据材质挑选购买地

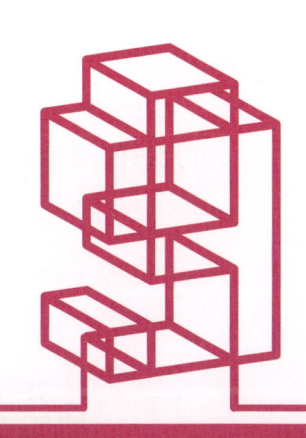

第 9 章
掌控施工细节，
杜绝偷工减料

施工工艺的好坏与业主家居生活的舒适和安全息息相关。了解基本的施工种类与工艺区分，弄清各个工艺的流程与要点，可以让业主在装修过程中就能够发现问题，减少日后返工的机率，大大节省精力与预算。

了解施工流程

家居装修流程大体上从水电施工到阳台、厨卫间地面和墙面防水工作，做完防水处理后做保护，再铺贴瓷砖。接着便是卧室、客厅、餐厅、书房刷墙和地板铺设，最后便是门窗、厨卫、灯具和家具的安装。

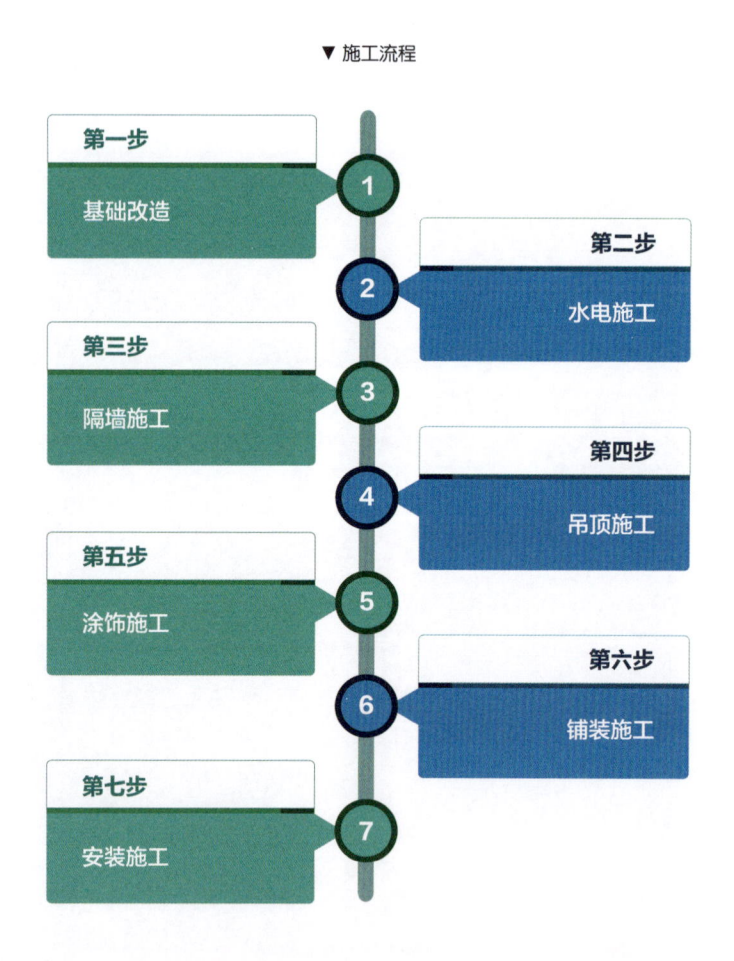

▼ 施工流程

第一步	基础改造
第二步	水电施工
第三步	隔墙施工
第四步	吊顶施工
第五步	涂饰施工
第六步	铺装施工
第七步	安装施工

第一步：基础改造

1. 户型改造

户型改造的原则很简单：在不改动房屋承重结构的基础上，增强空间功能性与舒适性的结合。比如，原有房屋的客厅小，卧室大，可以将卧室隔墙内缩，从而放大客厅面积；原有房屋的过道长而窄，可以通过改变原有功能空间的办法，将过道消除。

好户型标准

（1）具备六大功能空间：客厅、餐厅、卫浴间、主卧、储藏室、学习区。
（2）满足三条动线：家务动线、居住者动线、访客动线。
（3）住宅采光口与地面比例不小于1:7，朝南的房间至少要有一间。

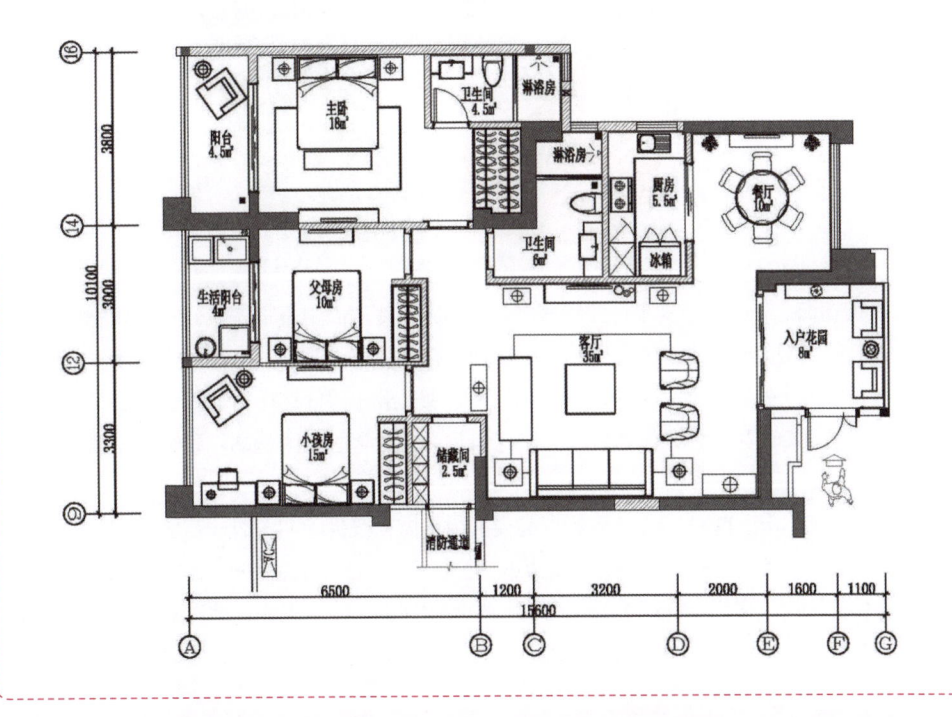

户型改造功能第一，形式第二

户型改造中首先要满足功能需求，对于诸如增加一个卧室或书房这样的要求，有时候是非常迫切并不可避免的。这个时候，增加空间就必须放在第一位。

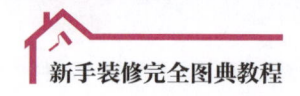

2. 墙和门窗拆改

如果原有墙体或门窗无论从位置、形式上都不满意，这种情况下，业主在装修时可以将其拆除后重新安装，以此来改善房屋的整体效果。如果原有墙体或门窗的功能布局、造型特点都没有太大问题，则尽量不拆除重做，可以选择只改变其外观效果。相对而言，保留原有结构，可以节约一笔相当可观的费用支出。

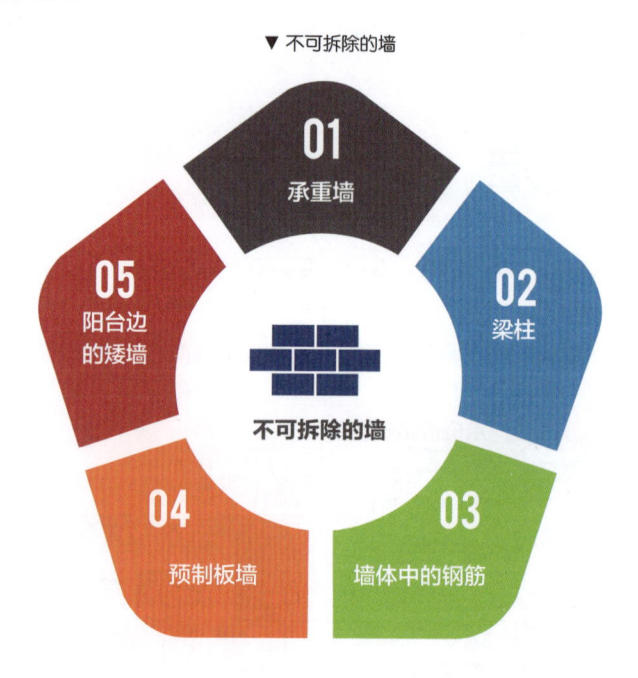

▼ 不可拆除的墙

01 承重墙
02 梁柱
03 墙体中的钢筋
04 预制板墙
05 阳台边的矮墙

不可拆除的墙

（1）**拆墙面**。对于原有施工一般的房屋，拆除原墙体表面附着物是装修中必须进行的一项工作，一般包括墙面原有乳胶漆和腻子层的铲除。在拆除墙面之前，一定要先确定房屋的结构和支撑柱的位置。如果墙面采用的是非耐水腻子，那么业主最好选择拆除腻子层后，重新刮防水腻子。如果原墙面采用的是耐水腻子，则可以不必完全铲除，用钢刷和砂纸打磨墙面后即可涂刷乳胶漆。

（2）**拆门窗**。若门窗已经无法保留，需要拆除重做，在拆除门窗时一定要注意保护好房屋的结构不被破坏。尤其是对于房屋外轮廓上的门窗，此类门窗所在的墙一般都属于结构承重墙，原来装修做门窗时，通常会在门窗洞上方做一些加固措施，以此来保证墙体的整体强度。在拆除此类门窗时，不可大范围进行破坏拆除，否则一旦破坏了墙体的结构，会对房屋的安全性造成破坏，影响其使用寿命。

> **注意事项：**
> 门窗拆改有一个原则是：宁肯破坏门窗，也不要破坏墙体的结构，如墙内的钢筋。有些业主不仅拆除原有门窗，甚至随意将门窗改大，也不做相关的加固措施，这是不允许的。

3. 旧房拆改

（1）水路拆改。一般旧房原有的水路管道布局大多不太合理或者已被腐蚀，所以应对水路管进行彻底检查。如果原有的管道是已被淘汰的镀锌管，在施工中必须将其全部更换为铜管、铝塑复合管或 PPR 管。

注意事项：

排水管特别是铁管要改成 PVC 水管，一方面要做好金属管与 PVC 管连接处处理，防止漏水，另一方面排水管属于无压水管，必须保证排水畅通。

（2）电路拆改。旧房电路普遍存在分配简单、电线老化、违章布线等现象，已不能适应现代家庭的用电需求，所以在装修时必须彻底改造，重新布线。以前的电线多用铝线，建议更换为铜线，并且要使用 PVC 绝缘护线管。

水电改造提前规划，避免减料又超支

部分装修公司在报价时，并不把水电拆改提前量化，而是以隐蔽改造无法准确计算为理由，要按照实际发生的量计算。事先如果无法准确表达水电路走线方案，往往就会造成水电改造工程低开高走，结算价格远远大于心里预期，不可避免地出现超支。

（3）隐蔽工程拆改。旧房装修时，能重新打开一些在第一次安装之后就无法再进行检查的部位，因此，旧房装修是一个消除过往存留隐患的好机会，业主一定要严格检查，把以往遗留下的"隐蔽工程"除掉。

隐蔽工程检查项目

（1）检查吊顶内的供水、空调、通风等各种设施的管道、线路、设备是否已做密闭。
（2）做电器绝缘、电阻测试。
（3）确定插座连接是否牢固、接头做法是否符合要求，易燃材料是否已做防火阻燃处理。

第二步：水电施工

1. 水路施工

在家庭装修中，水管最好走顶不走地，因为水管安装在地上，要承受瓷砖和人在上面行走的压力，随时可能被踩裂。另外，水管走顶的好处在于检修方便。在施工时冷热水管要遵循左侧热水右侧冷水、上热下冷的原则。

水路施工中，一般都采用PPR管代替原有过时的管材，如，铸铁、PVC等。在施工时如果用力不正容易使管内堵塞，导致水流减小，后期会导致出水量小、冲刷不干净的问题。

▲ 冷热水管要用不同颜色区分，方便日后修检

▼ 水路施工流程

第一步	第二步	第三步	第四步	第五步	第六步	第七步
画线、开槽	下料	预埋、预装	检查	安装	调试、修补	备案

水管施工材料选用正确，避免后期破裂

水路施工中，一般采用PPR管代替铸铁、PVC管等原始管材。PPR管具有节能节材、环保、轻质高强、耐腐蚀、内壁光滑不结垢、施工和维修简便、使用寿命长等优点，现正逐步取替现有的其他种类水管而成为主导产品。

误区 ✗

误区一：管线相接非垂直

分析：在铺设水路时，管线和弯头对接的角度要为90°，否则会造成弯头连接两边管线的壁厚不同，壁厚相对较薄的地方，在自来水的压力下，就可能因为受力不均匀出现渗漏的危险。

误区二：所有水管都可接热水

分析：一般常用的PPR管、PE管、铜管都是冷热两用型水管，但U-PVC管则不能用于接热水，因此，这种水管常用于下水道。所以，选水管时要注意，并非所有材质都能接热水的。

142

2. 电路施工

电路施工中主要涉及强电（照明、电器用电）和弱电（电视、电话、网路）电路线排布的问题。电路设计需要把握自己要求的电路改造设计方案与实际电路系统是否匹配的问题，如新住宅楼如果用到即热型电热水器、中央空调和其他功率特别大的电器，需要考虑从配电箱新配一路线供使用。

电路施工中，电线最好选用有长城标志的"国标"塑料或橡胶绝缘保护层的单股铜芯电线，伪劣电线或质量不达标的电线，容易引发火灾问题，存在安全隐患。

▼ 电路施工流程

第一步	第二步	第三步	第四步	第五步	第六步	第七步
画线开槽	定位	预埋	穿线	安装	检测	备案

序号	施工工艺	施工要点
01	预埋	埋设暗盒及敷设 PVC 电线管，线管接处用直接，弯处直接弯 90°
02	穿线	单股线穿入 PVC 管，要用分色线，接线顺序为左零、右火、上接地
03	检测	通电检测电路是否通顺。如果要检测弱电，可直接用万用表检测是否通路

强、弱电穿管走线避免交叉

强、弱电穿管走线的时候不能交叉，要分开，强、弱电插座保持要 50cm 以上距离。另外，穿管走线时电视线和电话线应与电力线分开，以免发生漏电伤人毁物甚至着火的事故。

电路施工结束后，应分别对每一回路的火与零、火与地、地与零之间进行绝缘电阻测试，绝缘电阻值应不小于 0.5MΩ，如有多个回路在同一管内敷设，则同一管内线与线之间必须进行绝缘测试。绝缘测试后应对各用电点（灯、插座）进行通电试验。最后在各回路的最远点进行漏电保护器试跳试验。

注意事项：

所有电路改造完成后，不要忘记索要电路图。如果以后想要更新线路或想对电路进行升级，没有电路图的话，会增添许多不必要的麻烦。

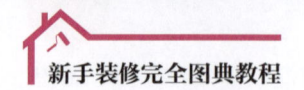

3. 防水施工

在房屋建造时，一般已经进行了防水施工。但在施工的过程中，更换厨房卫生间已有的墙面砖和地面砖或水电改造等施工，会破坏原有的防水层，因此有必要进行二次防水施工。

家居中卫浴室、厨房、阳台的地面和墙面，一楼住宅的所有地面和墙面，地下室的地面和所有墙面都应进行防水防潮处理，这样可以保证日后不会出现漏水、渗水的现象。

（1）**刚性防水**。刚性防水是以水泥、细骨料为主要原材料，以聚合物和添加剂等为改性材料并以适当配比混合而成的防水材料。

优 点	缺 点
使用年限较长，施工工艺单纯、取材容易、维修方便。	因为本身的重量过大，所以对房间构造形式受限也比较大，伴随着温差的改变，容易开裂渗水。

▼ 水路施工流程

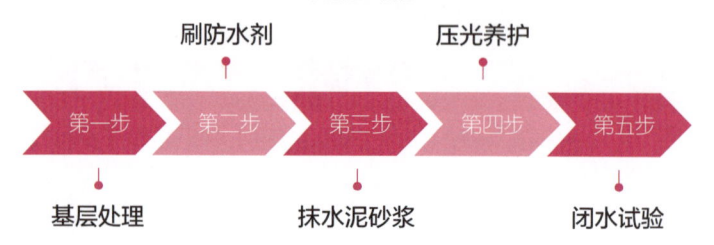

第一步：基层处理
第二步：刷防水剂
第三步：抹水泥砂浆
第四步：压光养护
第五步：闭水试验

（2）**柔性防水**。柔性防水是指相对于刚性防水而言的一种防水材料形态。通过柔性防水材料（如，卷材防水、涂膜防水）来阻断水的通路，以达到建筑防水的目的或增加抗渗漏的能力。

优 点	缺 点
拉伸强度高、延伸率大、施工方便，能适应一定的变形与胀缩，不易开裂。	操作技术要求高、耐老化性能不如刚性防水材料，所以易老化、寿命短。

▼ 柔性防水施工流程

第一步：清理基层
第二步：涂刷底胶
第三步：三遍涂膜
第四步：防水层试水
第五步：保护层饰面施工
第六步：防水层二次试水
第七步：防水层检验

第三步：隔墙施工

1. 骨架隔墙

骨架隔墙也称龙骨隔墙，主要用木料或钢材构成骨架，再在两侧做面层。简单说是指在隔墙龙骨两侧安装面板形成的轻质隔墙。

骨架隔墙可以作为装饰隔断，对家居空间进行再分割、划分。骨架隔墙中的骨架有木骨架、轻钢骨架、石膏骨架等，而骨架的面层则分为人造板面层和抹灰面层。

（1）**轻钢龙骨隔墙**。轻钢龙骨是用镀锌钢带或薄钢板轧制经冷弯或冲压而成的。墙体龙骨由横龙骨、竖龙骨及横撑龙骨和各种配件组成，有50、75、100和150四个系列。

轻钢龙骨与基体的固定点间距不应大于1000mm

▼ 轻钢龙骨隔墙施工流程

第一步 定位放线 → 第二步 安装沿顶（墙）横（竖）龙骨 → 第三步 安装门洞口框 → 第四步 竖龙骨分档 → 第五步 安装龙骨 → 第六步 安装纸面石膏板 → 第七步 接缝

（2）**木龙骨隔墙**。木龙骨，通俗点讲就是木条。一般来说，只要是需要用骨架进行造型布置的部位，都有可能用到木龙骨。

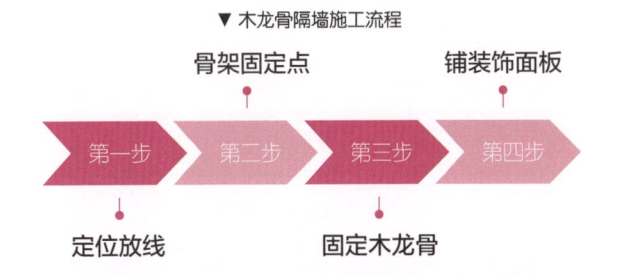

▼ 木龙骨隔墙施工流程

第一步 定位放线 → 第二步 骨架固定点 → 第三步 固定木龙骨 → 第四步 铺装饰面板

注意保留伸缩空间，防止墙体收缩变形及裂缝

在安装施工时，如果竖向龙骨紧顶上下龙骨，没留伸缩量，超过12m长的墙体未做控制缝，则会容易造成墙体变形。因此，隔墙周边应留3mm的空隙，这样可减少因温度和湿度影响产生的变形和裂缝。

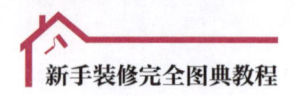

2. 砖砌隔墙

砖砌隔墙是用各种轻质墙体砌砖砌筑而成的非承重墙，这种隔墙材料多运用于毛坯房的内部计划缔造。其特征是稳固、隔声、保温，但一旦砌筑成墙体，不可拆开调整。

一般砖砌隔墙可以分为普通砖隔墙和砌砖隔墙。黏土砖隔墙是用普通黏土砖、黏土空心砖顺砌或侧砌而成。因墙体较薄，稳定性差，因此需要加固。砌块隔墙是用比普通黏土砖体积大、堆密度小的超轻混凝土砌块砌筑的。砌块墙吸水性强，故在砌筑时应先在墙下部实砌 3~5 皮黏土砖再砌砌块。

砖砌筑砌前要湿润透彻

注意事项：

砖、水泥、砂子等材料应尽量分散堆放在施工时方便可取之处，避免二次搬运。绝对不能全部堆放在一个地方，同时水泥应做好防水防潮措施。黏土砖或者砌块必须提前浇水湿润，施工时将地面清扫干净。

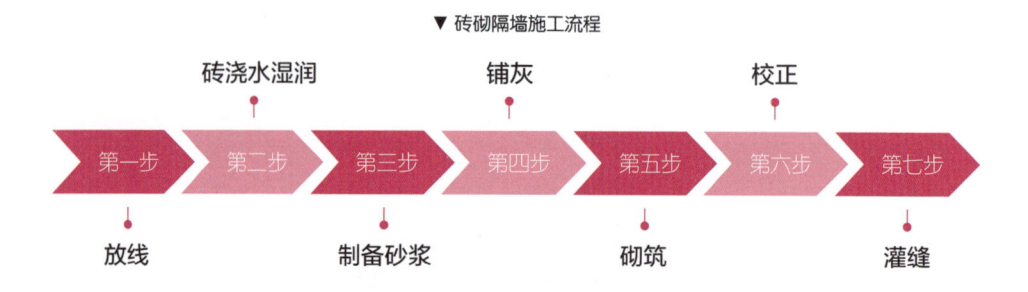

▼ 砖砌隔墙施工流程

第一步 放线 → 第二步 砖浇水湿润 → 第三步 制备砂浆 → 第四步 铺灰 → 第五步 砌筑 → 第六步 校正 → 第七步 灌缝

序号	施工工艺	施工要点
01	砖浇水湿润	砖必须在砌筑前一天浇水湿润，一般以水浸入砖四边 1.5cm 为宜，含水率为 10%~15%，常温施工不得用干砖上墙；雨季不得使用含水率达到饱和状态的砖砌墙；冬期浇水有困难，则必须适当增大砂浆稠度
02	砌筑	砌砖一定要跟线，水平灰缝厚度和竖向灰缝宽度一般为 10mm，但不应小于 8mm 也不应大于 12mm。砌筑砂浆应随搅拌随使用，水泥砂浆必须在 3h 内用完，水泥混合砂浆必须在 4h 内用完，不得使用过夜砂浆

3. 板材隔墙

板材隔墙是指用高度相当于房间净高的单块轻质板材作为隔墙，它不依赖骨架，可直接装配而成。它具有自重轻、安装方便、施工速度快、工业化程度高的特点。

目前多采用条板，如，加气混凝土条板、石膏条板、炭化石灰板、石膏珍珠岩板以及各种复合板（如泰柏板）。安装时，条板下部先用一对对口木楔顶紧，然后用细石混凝土堵严，板缝用黏结砂浆或黏结剂进行黏结，并用胶泥刮缝，平整后再做表面装修。

（1）泰柏板。泰柏板是一种新型建筑材料，由强化钢丝、阻燃 EPS 泡沫塑料芯材组成，是目前取代轻质墙体最理想的材料，具有防火抗震、隔热隔音、抗风化、耐腐蚀的优良性能，并有组合性强、易于搬运、适用面广、施工简便等特点。

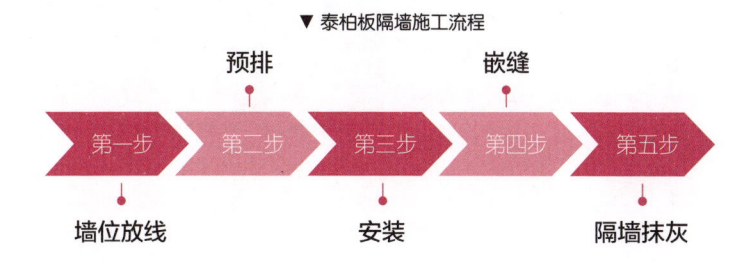

▼ 泰柏板隔墙施工流程

第一步 墙位放线 → 第二步 预排 → 第三步 安装 → 第四步 嵌缝 → 第五步 隔墙抹灰

（2）石膏复合板。石膏墙板是以天然石膏、磷石膏等主要原材料与多种无机材料复合而成，具有隔音保温、可锯可蚀、便于安装、不受墙高限制、降低劳动强度、减少湿作业等特点。在建筑中做内隔墙可减轻建筑物自重，节约钢材、水泥，墙加使用面积，降低工程造价等。

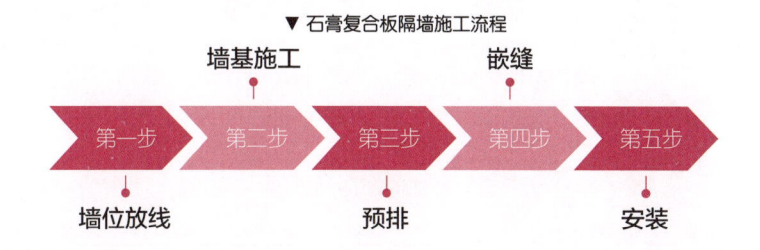

▼ 石膏复合板隔墙施工流程

第一步 墙位放线 → 第二步 墙基施工 → 第三步 预排 → 第四步 嵌缝 → 第五步 安装

序号	施工工艺	施工要点
01	墙基施工	墙基施工前，地面应进行毛化处理，并用水湿润，现浇墙基混凝土
02	安装	复合板安装时，在板的顶面、侧面和板与板之间，均匀涂抹一层胶黏剂，然后上、下顶紧，侧面要严实，缝内胶黏剂要饱满。板下面塞木楔，一般不撤除，但不得露出墙外

（3）石膏空心条板。石膏空心条板是以建筑石膏为原料，加水搅拌，浇注成型的轻质建筑石膏制品。具有环保节能、高强质量轻、隔音隔热、不抹墙皮、砌块面积大、安装方便、砌块出模后不用洒水保养等特点。

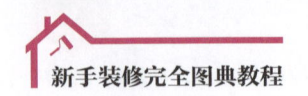

第四步：吊顶施工

1. 轻钢龙骨石膏板吊顶

轻钢龙骨吊顶是指用轻钢做成的，用于天花吊顶的主材料，它通过螺杆与楼板相接，用来固定天花或者物体。轻钢龙骨吊顶按承重分为上人轻钢龙骨吊顶和不上人轻钢龙骨吊顶。轻钢龙骨按龙骨截面可分为 U 型龙骨和 C 型龙骨。

安装龙骨时应严格按放线的水平标准线和规方线组装周边骨架。受力节点应装订严密、牢固，保证龙骨的整体钢度。吊顶龙骨严禁有硬弯，如有必须调直再进行固定。吊顶面层必须平整，施工前应弹线，中间按平线起拱。

轻钢龙骨适用于面积较大或较平整的吊顶

▼ 轻钢龙骨石膏板吊顶施工流程

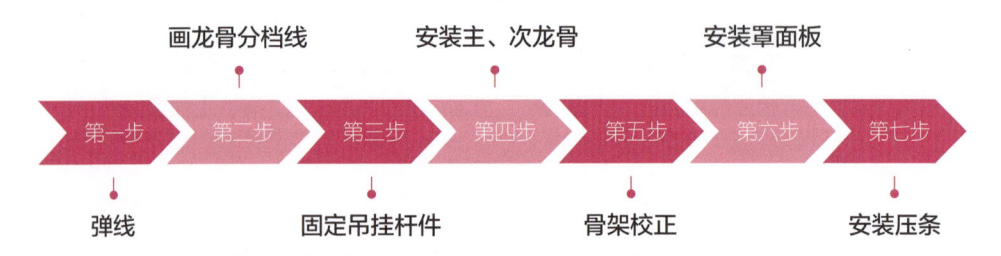

第一步	第二步	第三步	第四步	第五步	第六步	第七步
弹线	画龙骨分档线	固定吊挂杆件	安装主、次龙骨	骨架校正	安装罩面板	安装压条

要做好吊顶的阴阳角处理

阴阳角的挺直、流畅直接关系到吊顶的美观，因此，最好选择专用接缝纸带配合使用专用嵌缝膏处理阴角。用金属护角带配合使用专用嵌缝膏处理阳角，这样不仅使阳角挺直，同时对阳角又起到很好的保护，使吊顶在细节上也一样出色。

误区 ✗

盲目安装吊顶

分析：不少消费者认为家庭装修要吊顶才显得够档次，实际上由于现在的商品房层高通常只有 2.6m 左右，这样一个相对狭小的空间如果全部安装上吊顶，在视觉上会使人感到压抑。如果房屋高度只有 2.6~2.8m，最好选择在天花四周做简单的吊顶，不宜做得太大。

2. 木骨架罩面板吊顶

木龙骨相对于轻钢龙骨，质地较轻，安装过程中可随意切割，所以适合制作多种造型。在客厅等房间吊顶使用木骨时，由于会有电线在里面，所以最好涂上防火涂料。

在吊顶施工中，固定罩面板时会采用胶黏或者排钉方法，这样虽然操作简单，但固定的效果并不理想，最好的办法是用自攻螺钉进行固定。自攻螺钉能够将罩面板牢固地固定在龙骨上，防止罩面板因为后期的各种因素，如，热胀冷缩、空气湿度变化等，造成罩面板松动脱落。

▼ 木骨架罩面板吊顶施工流程

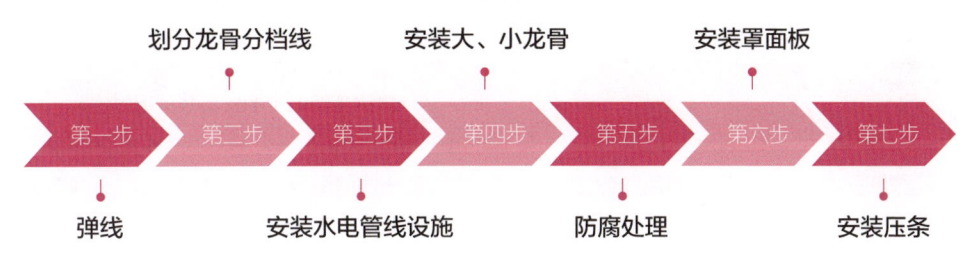

第一步 弹线 → 第二步 划分龙骨分档线 → 第三步 安装水电管线设施 → 第四步 安装大、小龙骨 → 第五步 防腐处理 → 第六步 安装罩面板 → 第七步 安装压条

序号	施工工艺	施工要点
01	安装大龙骨	将预埋钢筋弯成环形圆钩，穿 8 号镀锌钢丝将大龙骨固定，并保证其设计标高。吊顶起拱按设计要求，设计无要求时一般为房间跨度的 1/300～1/200
02	安装小龙骨	按分档线先定位安装通长的两根边龙骨，拉线后各根龙骨按起拱标高，通过短吊杆将小龙骨用圆钉固定在大龙骨上，吊杆要逐根错开，吊钉不得在龙骨的同一侧面上

TIPS

木龙骨和轻钢龙骨哪个好？

轻钢龙骨抗变形性能较好，坚固耐用，但是由于轻钢龙骨是金属材质，因此，在做复杂吊顶造型的时候不易施工。

木龙骨适于做复杂造型吊顶，但是木龙骨如果风干不好容易变形、发霉。

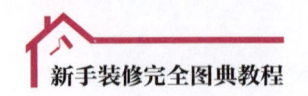

第五步：涂饰施工

1. 木作清漆施工

装修中所制作的木制家具都要进行木作清漆粉刷，刷完后可以在表面形成透明的保护膜，可能会带一点颜色，更多的是无色。涂刷完毕后能够呈现木材的纹路和色彩，同时木作清漆还能阻止污物及水直接进入木材纤维中，减少木材水分散失。

▼ 木作清漆施工流程

第一步 基层处理 → 第二步 涂刷封底漆 → 第三步 润色油粉 → 第四步 刷油色 → 第五步 刷第一遍清漆 → 第六步 拼色与修色 → 第七步 刷第二、三遍清漆

序号	施工工艺	施工要点
01	润色油粉	用棉丝蘸油粉反复涂于木材表面。擦进木材的棕眼内，然后用棉丝擦净，应注意墙面及五金上不得沾染油粉。待油粉干后，用1号砂纸顺木纹轻轻打磨，直到光滑为止
02	刷油色	将铅油、汽油、光油、清油等混合在一起过筛，然后倒在小油桶内，使用时要经常搅拌，以免因沉淀造成颜色不一致。刷油的顺序应从外向内、从左到右、从上到下且顺着木纹进行
03	刷第一遍清漆	刷第一遍清漆应略加一些稀释剂以便快干。因清漆的黏性较大，最好使用已经用出刷口的旧棕刷，刷时要少蘸油，以保证不流、不坠、涂刷均匀
04	拼色与修色	木材表面上的黑斑、节疤、腻子疤等颜色不一致处，应用漆片、酒精加色调配或用清漆、调和漆和稀释剂调配进行修色。木材颜色深的应修浅，浅的提深，将深色和浅色木面拼成一色，并绘出木纹

2. 薄涂料施工

薄涂料又称薄质涂料。它的黏度低，刷涂后能形成较薄的涂膜，表面光滑、平整、细致，但对基层凹凸线型无任何改变作用。

薄涂料施工前涂装前应将涂料搅拌均匀，并视具体情况兑水，如果施工人员没有按照标准兑水量施工，兑水量过大，会使漆膜的耐擦洗次数及防霉、防碱性下降。

> **注意事项：**
>
> 在做墙面涂刷时，必须要刷界面剂。界面剂就是用来去除墙面的浮灰尘土，增加腻子与墙面的结合度，让墙面涂刷更均匀持久。一般在基层涂刷界面剂，待表面干了24小时后再刮腻子。用量是 0.3~0.4kg/m^2，在装修过程中，严禁使用108胶、醇酸清漆代替界面剂处理基层。

▲ 滚涂　　　　　　　　　　　　　　▲ 喷涂

> **TIPS　喷涂和滚涂哪个好？**
>
> （1）**喷涂**：喷涂是用无气喷枪，通过压力直接喷出的。
>
> **优点**：喷涂速度快，手感光滑细腻、较平整，拐角和间隙也能很好地上漆。因涂料喷雾，涂料易达到这些部位，漆膜最终效果好。不会出现兑水比例增大的情况，膜质较厚。
>
> **缺点**：施工队伍的保护工作量大，和其他施工方法相比较来说更费漆。如果有了磕碰，修补的色差会比滚涂更明显。
>
> （2）**滚涂**：滚涂所选用的工具是滚筒。滚筒的种类和质量都会直接影响最终效果，最好选择优质的短毛滚筒。滚涂需要控制好兑水比例，否则预期效果差。
>
> **优点**：省漆、修补色差小。
>
> **缺点**：工人容易偷工减料（多兑水），墙角处理比较麻烦。

3. 墙面乳胶漆施工

乳胶漆不仅可以装饰墙面，使墙面看上去更光滑、平整，而且可以保护墙面，尤其当基层的腻子选择不当的时候。乳胶漆不但耐脏性能强，并且可以用湿布进行擦洗。此外，也可以弥补墙面微小裂纹、抑制墙面霉菌生长。

乳胶漆施工时，基层处理是保证施工质量的关键环节，其中保证墙体完全干透是最基本条件，一般应放置10天以上。墙面必须平整，最少应满刮两遍腻子至满足标准要求。

▼ 墙面乳胶漆施工流程

第一步 → 第二步 → 第三步 → 第四步 → 第五步

第一步：基层处理
第二步：修补腻子
第三步：满刮腻子
第四步：涂刷底漆
第五步：涂刷面漆（两遍以上）

冬季施工保持均衡温度

冬期施工时，应尽量让房间整体保持一个相对均衡的温度。如果气温低到0℃以下，就需要停止施工；气温在5℃以上，才可以刷漆。如果温度较低，也不要用普通照明灯进行烘烤，否则墙体受热不均会造成墙体颜色深浅不一样，使墙面看上去发花。

误区一：墙面越光滑越好

分析： 对于喷涂施工的墙体来说，表面确实是越光滑越好。但是采用滚涂的墙面，正常来说都会留有滚花印，如果滚涂后的墙面看起来非常光滑，实际上是漆中加水过多造成的。漆中加水过多会降低漆的附着力，容易出现掉漆问题。同时加水过多会致使漆的含量减少，表面漆膜比较薄，就不能很好地保护墙面，也让漆的弹性下降，难以覆盖腻子层的细小裂纹。

误区二：新房没必要刷底漆

分析： 不少工人在刷墙面漆时，会说新房不需要刷底漆。其实墙面涂底漆的作用是增加墙身与面漆的附着力，填平墙身的凹凸不平，起保护面漆的作用。刷墙面漆前使用配套的底漆，能够提升表现力，使实际效果变得更好。尤其是对于那些采光不好、容易返潮的房屋墙面，更应该选择质量好的底漆。

4. 调和漆饰面

调和漆是一种在清漆的基础上加入无机颜料而制成的色漆。调和漆质地比较软，稀稠适度，具有防腐、防水、耐化学品、耐光、耐温等特点。调和漆适用于室内外的木材、金属等表面，起到装饰保护作用。

中、深色调和漆施工时尽量不要掺水，否则容易出现色差。亮光、丝光的乳胶漆要一次完成，否则修补的时候容易出现色差。天气太潮湿或太冷时，油漆施工质量会差一些。

▼ 调和漆饰面施工流程

第一步：基层处理 → 第二步：修补腻子 → 第三步：满刮腻子 → 第四步：第二遍腻子 → 第五步：涂刷涂料

序号	施工工艺	施工要点
01	第一遍涂刷	第一遍可涂刷铅油，它的遮盖力较强，是罩面层涂料基层的底层涂料。涂刷每面墙面的顺序宜按先左后右、先上后下、先难后易、先边后面的顺序进行，不得胡乱涂刷，以免漏涂或涂刷过厚
02	第二遍涂刷	操作方法同第一遍涂料，如墙面为中级涂饰，此遍可刷铅油；如墙面为高级涂饰，此遍应刷调和漆
03	第三遍涂刷	用调和漆涂刷，如墙面为中级涂饰，此道工序可作为罩面层涂料（即最后一遍涂料）
04	第四遍涂刷	一般选用醇酸磁漆涂料，此道涂料为罩面层涂料（即最后一遍涂料）。如最后一遍涂料改为用无光调和漆时，可将第二遍铅油改为有光调和漆，其他做法相同

刷漆流坠现象提前预防

流坠是漆液向下流淌的现象，是影响漆膜外观的一种常见质量问题，多出于垂直面及水平面与垂直面交接的边缘角线处，出现流坠现象的主要原因是稀释比例不当，涂刷或喷涂漆层太厚所造成的。因此，一定要按说明书的要求稀释，每层都应涂薄，避免这种现象的发生。

5. 壁纸施工

壁纸能够为家居带来美观的装饰效果，但壁纸施工的基层处理时，必须清理干净、平整、光滑，防潮涂料应涂刷均匀，不宜太厚。

在墙面、顶面壁纸施工前，门窗油漆、电器的设备应该都安装完成，影响裱糊的灯具等要拆除，待做完壁纸后再进行安装。

▲ 滚贴壁纸现场

▼ 壁纸施工流程

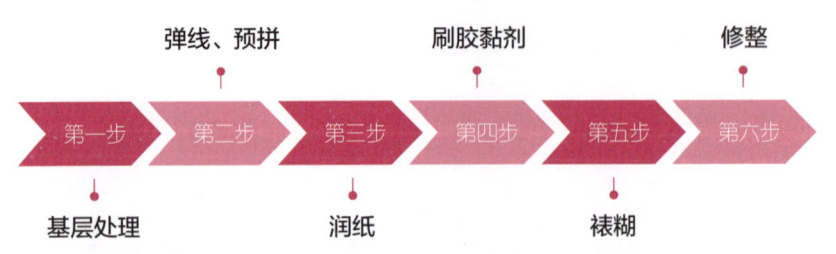

第一步	第二步	第三步	第四步	第五步	第六步
基层处理	弹线、预拼	润纸	刷胶黏剂	裱糊	修整

壁纸施工结束后避免立即通风

贴壁纸后一般要求是阴干，如果贴完之后马上通风会造成壁纸和墙面剥离，因为空气的流动会造成胶的凝固加速，没有使其正常的化学反应得到体现，所以贴完壁纸后一般要关闭门窗3～5天，待壁纸后面的胶凝固后再开窗通风。

TIPS

壁纸和壁布哪个好？

（1）**壁纸**：以壁纸来说，从低端到高端，选择多样。一般来说，纸面纸底、胶面纸底和胶面布底这三类壁纸是普遍采用的。

优点：覆盖力强，对不是特别平整的墙面，甚至有细小裂纹的墙面有一定遮盖能力；颜色持久；装饰效果好。

缺点：容易被刮坏，难以清洁；对湿度要求较高，如果湿度过大很容易受潮发霉翘曲；容易显接缝，施工质量难以控制。

（2）**壁布**：壁布的价位比壁纸高，具有隔声、吸声和调节室内湿度等功能。大致上可分为布面纸底、布面胶底和布面浆底。

优点：防潮、防霉性能佳；施工快速、简便。

缺点：粘贴使用时遇到门窗需要裁剪，有一定的损耗。无缝墙布成本比壁纸稍贵。

6. 软包施工

软包是指一种在室内墙表面用柔性材料加以包装的墙面装饰方法，能够柔化整体空间氛围，其纵深的立体感亦能提升家居档次。

软包工程施工前，要认真仔细操作，防止面料或镶嵌型条尺寸偏小，下料切割不细，造成软包上口与挂镜线、下口与踢脚线上口接缝不严密，从而使相邻面料间的接缝不严密，因露底而造成离缝。

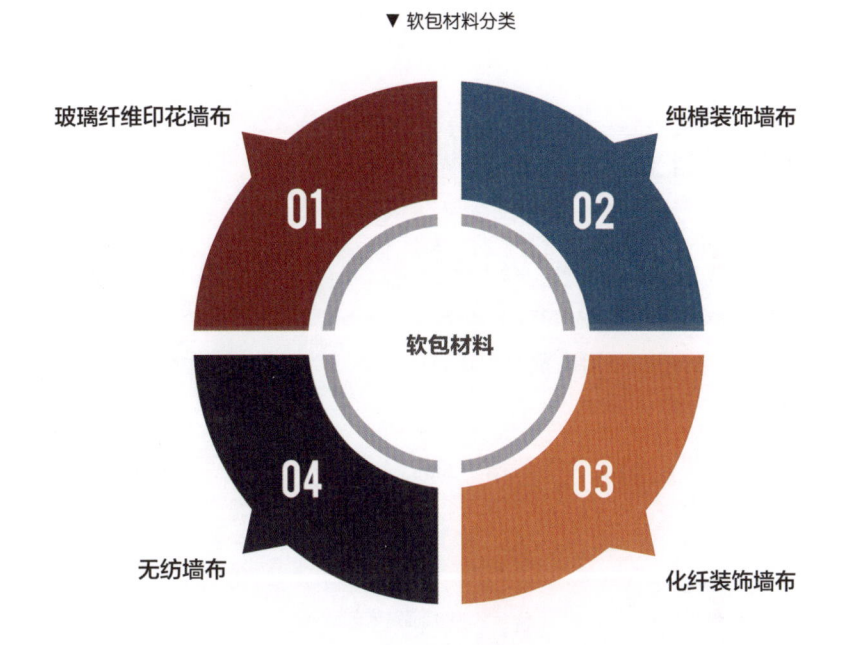

▼ 软包材料分类

- 01 玻璃纤维印花墙布
- 02 纯棉装饰墙布
- 03 化纤装饰墙布
- 04 无纺墙布

软包材料

（1）**玻璃纤维印花墙布**。玻璃纤维印花墙布是以中碱玻璃纤维布为基材，表面涂以耐磨树脂，印上彩色图案而成。花色品种多，色彩鲜艳，不易褪色、不易老化、防火性能好，耐潮性强，可擦洗。但易断裂，涂层磨损后，散出的玻璃纤维对人体皮肤有刺激性作用。

（2）**纯棉装饰墙布**。纯棉装饰墙布是以纯棉布经过处理、印花、涂层制作而成，强度大、静电小、蠕变性小、吸声、无毒无味，透气性、吸声性俱佳，但表面易起毛，不能擦洗。

（3）**化纤装饰墙布**。化纤装饰墙布以化纤为基材，经处理后印花而成，无毒、无味、透气、防潮、耐磨。

（4）**无纺墙布**。无纺墙布采用棉、麻等天然纤维或涤纶、腈纶等合成纤维，经过无纺成型、上树脂、印制彩色花纹而成。色彩鲜艳、表面光洁、有弹性、不易老化，对皮肤无刺激性，有一定的透气性和防潮性，可擦洗而不褪色。

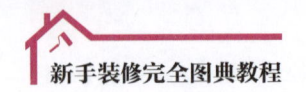

第六步：铺装施工

1. 墙砖（马赛克）铺贴

墙面贴砖是保护墙体免遭水溅的有效途径。它们不仅用于墙面，用在门窗的边缘装饰上，也是一种有趣的装饰元素。墙砖（马赛克）多适用于洗手间、厨房、室外阳台等容易潮湿的地方，易于清洁又防潮。

墙砖使用前，要仔细检查墙砖的尺寸（长度、宽度、对角线、平整度）、色差、品种，防止混等混级。墙面砖铺贴前应浸水 0.5～2h，以砖体不冒泡为准，取出晾干待用。

厨房和卫生间铺贴高度

（1）如果厨房和卫生间没有做吊顶，瓷砖要铺到顶，否则水蒸气、油烟容易渗入墙面；
（2）如果有做吊顶，瓷砖可以贴到比吊顶底面高一点。一般厨房可以预留 10~20cm，卫生间留 25cm 左右。

▶ 铺贴瓷砖时，要预留 2-3mm 接缝

（1）墙砖铺贴。

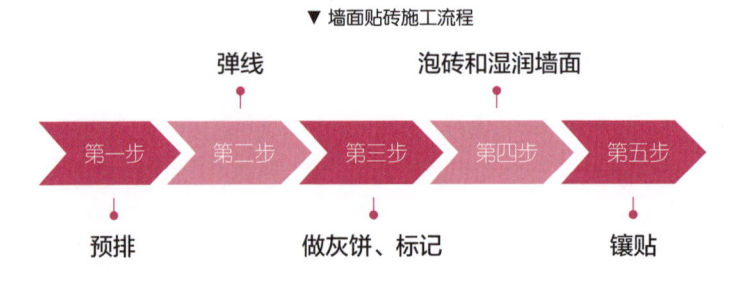

▼ 墙面贴砖施工流程

第一步：预排
第二步：弹线
第三步：做灰饼、标记
第四步：泡砖和湿润墙面
第五步：镶贴

（2）马赛克铺贴。

▼ 马赛克铺贴施工流程

第一步：基层处理
第二步：找平层抹灰
第三步：弹线
第四步：粘贴
第五步：揭纸
第六步：调整
第七步：擦缝、清理

2. 木质饰面板

木质饰面板是将天然的木质木材刨切成一定厚度的薄片，黏附于胶合板表面，然后热压成表面材料，它被广泛用于室内装修及家具制造的表面材料。木质饰面板既有木质的优美花纹，又达到了充分利用木材资源、降低成本的目的，因而广受好评。

木质饰面板安装前要用硝基清漆油涂刷表面，每油刷完一次，要待 30~60min 以上，油漆干透后用砂纸打磨饰面板，然后再继续上漆、打磨，依次类推。在进行饰面板施工前，最少完成三次底漆施工，才能保证后期效果良好。

注意事项：

装饰面板到达施工现场后，存放于通风、干燥的室内，切记注意防潮。在装修使用前需用细砂纸清洁（或气压管吹）其表面灰尘、污质，出厂面板表面砂光良好的，只需用柔软羽毛掸子清除灰尘污垢。

▼ 木质饰面板施工流程

第一步 → 第二步 → 第三步 → 第四步 → 第五步

- 第二步：拼装骨架
- 第四步：安装木龙骨架
- 第一步：弹线分格
- 第三步：打木楔
- 第五步：铺钉罩面板

序号	施工工艺	施工要点
01	拼装骨架	木墙身的结构一般情况下采用 25mm×30mm 的木方。对于面积较小的木墙身，可在拼成木龙骨架后直接安装上墙；面积较大的木墙身，则需要分几片分别安装上墙
02	打木楔	用冲击钻头在墙面上弹线的交叉点位置钻孔，孔距为 600mm 左右，深度不小于 60mm。钻好孔后，随即打入经过防腐处理的木楔
03	铺钉罩面板	用 15mm 枪钉将罩面板固定在木龙骨架上。如果用铁钉则应使钉头砸扁埋入板内 1mm，且要布钉均匀，间距在 100mm 左右

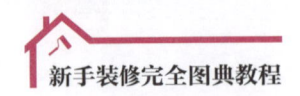

3. 金属饰面板

金属饰面板是一种以金属为表面材料复合而成的新型室内装饰材料。它不仅可以装饰建筑的外表面，同时还起到保护被饰面免受雨雪等的侵蚀的作用。特别是对于一些新型墙体材料，如，轻钢龙骨纸面石膏板墙体、纸面草板墙体等，更为适宜。

金属饰面板一般有彩色铝合金饰面板、彩色涂层镀锌钢饰面板和不锈钢饰面板三种。金属饰面板的主要特点包含自重轻、安装简便、耐候性好，更突出的是可以使建筑物的外观色彩鲜艳、线条清晰、庄重典雅，这种独特的装饰效果受到建筑设计师的青睐。

▼ 金属饰面板分类

- 彩色铝合金饰面板
- 彩色涂层镀锌钢饰面板
- 不锈钢饰面板

▲ 金属饰面板装修效果

收口处理注意装饰效果

在压顶、端部、伸缩缝和沉降缝的位置上进行收口处理时，可以采用铝合金盖板或槽钢盖板缝盖，从而满足装饰效果，不影响整体效果。

4. 地砖铺设

地砖是一种地面装饰材料，也叫地板砖。用黏土烧制而成，规格多种。质坚、容重小、耐压耐磨、能防潮。经上釉处理，起到装饰作用。地砖花色品种非常多，可供选择的余地很大，按材质可分为釉面砖、通体砖防滑砖、抛光砖、玻化砖等。

注意事项：

对于墙面砖污染的治理，建议采用专用化学溶剂进行清洗。有些工人直接采用酸溶剂进行清洗，虽然对除掉污垢比较有效，但盐酸不仅会溶解泛白物，而且对砂浆和勾缝材料也有腐蚀作用，会造成表面水泥硬膜剥落，光滑的勾缝面会腐蚀成粗糙面，甚至露出砂粒，因此，尽量避免使用。

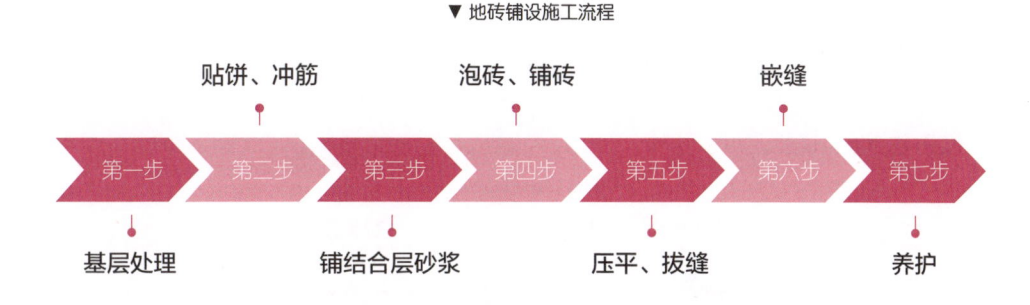

▼ 地砖铺设施工流程

第一步	第二步	第三步	第四步	第五步	第六步	第七步
基层处理	贴饼、冲筋	铺结合层砂浆	泡砖、铺砖	压平、拔缝	嵌缝	养护

误区一：铺地砖预铺可有可无

分析：如果家居某个空间面积较大，而且全部铺设地砖，应该要先预铺一遍，保证砖的花纹走向能够完全吻合，并把地砖统一编号后再进行铺设，这样能够保证大面积地砖铺设完后的整齐划一。

误区二：地面勾缝不重视

分析：很多业主对于勾缝施工并不在意，但是勾缝技术不到位，特别是对于釉面砖和抛光砖这类容易将勾缝剂渗入的地砖，一旦被污染，哪怕只是一点也会给整体效果留下瑕疵。因此，在对地砖进行勾缝时，最好在砖的边缘用纸胶带实现粘贴保护起来，这样地砖就不会受到勾缝剂的污染。

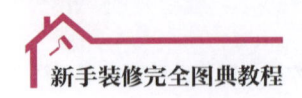

5. 木地板铺装

木地板是指用木材制成的地板，中国生产的木地板主要分为实木地板、强化木地板、实木复合地板、多层复合地板、竹材地板和软木地板六大类，以及新兴的木塑地板。

铺装木地板要等吊顶和内墙面的装修施工完毕，门窗和玻璃全部安装完好后进行。要在室内各项工程完工以及超过地板面承载的设备进入房间预定位置之后方可进行，不得交叉施工，也不得在房间内加工，相邻房间内部也应全部完工。

（1）实木地板铺装。

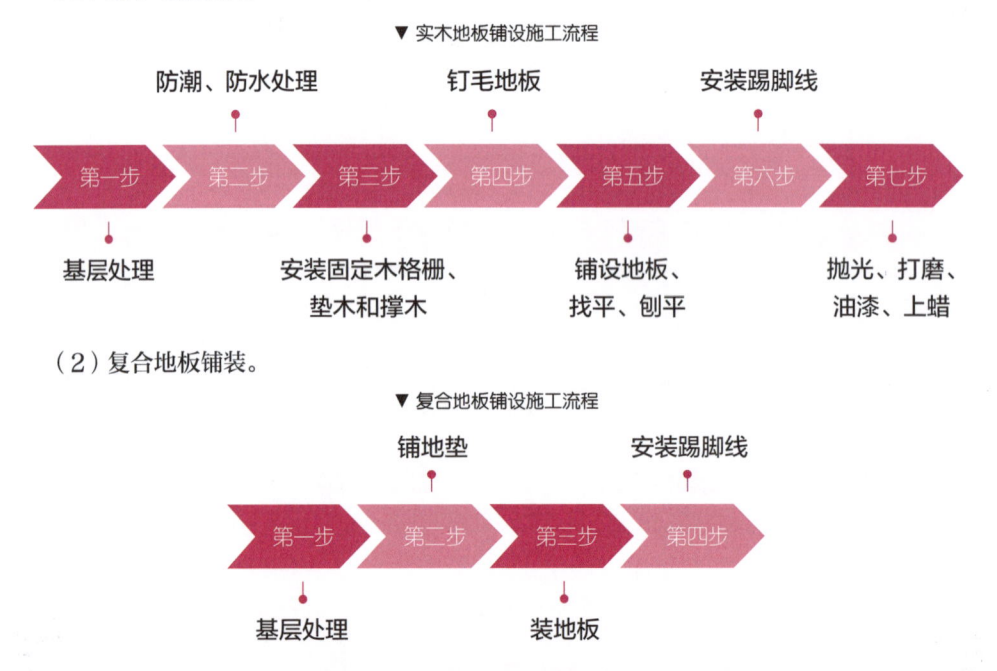

▼实木地板铺设施工流程

第一步	第二步	第三步	第四步	第五步	第六步	第七步
基层处理	防潮、防水处理	安装固定木格栅、垫木和撑木	钉毛地板	铺设地板、找平、刨平	安装踢脚线	抛光、打磨、油漆、上蜡

（2）复合地板铺装。

▼复合地板铺设施工流程

第一步	第二步	第三步	第四步
基层处理	铺地垫	装地板	安装踢脚线

木地板铺设走向确定

以客厅的长边走向为准，如果客厅铺地板的话，其他的房间也跟着同一个方向铺。如果客厅不铺木地板，那么以餐厅的长边走向为准，其他的房间也跟着同一个方向铺。如果餐厅不铺木地板，那么各个房间可以独立铺设，以各个房间长边走向为准，不需要同一方向。

误区 ✗

地板越宽铺装效果越好

分析：宽幅地板的生产工艺并不比窄板高，甚至有的会更低，价格高显然不合理。而且由于采用拼装铺设，宽幅地板容易因地面的平整度不够而产生噪声问题，遇有热胀冷缩时，大块木地板更容易离缝、反弹。因此，家庭使用宽幅木地板并不明智，通常的最佳尺寸是长度 600mm 以下，宽度 75mm 以下，厚度为 12~18mm。

第七步：安装施工

1. 门窗安装

门窗是外界与室内联系的纽带，门窗的安装好坏直接影响日后的居住感受。门窗框安装应在抹灰前进行，门扇和窗扇的安装宜在抹灰完成后进行，若窗扇必须先行安装时应注意成品保护，防止碰撞和污染。

（1）木门窗安装。由木材加工厂供应的木门窗框和扇必须是经检验合格的产品，并具有出厂合格证，进场前应对型号、数量及门窗扇的加工质量全面进行检查（其中包括缝子大小、接缝平整、几何尺寸是否正确及门窗的平整度等）。

注意事项：

厨房和卫浴间包木门套时，可以在包门套所用的材料反面做一层油漆保护，并用灰胶封闭缝隙，这样水分进不来，在使用过程中也不会吸潮变形。

▼ 木门窗安装施工流程

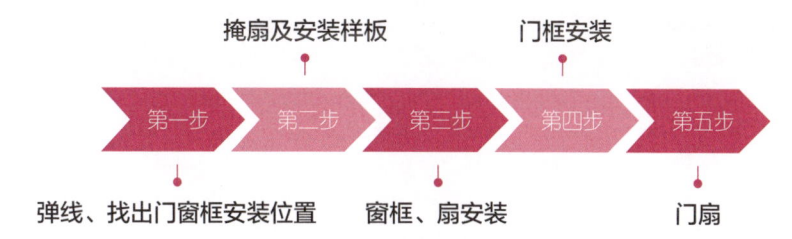

第一步	第二步	第三步	第四步	第五步
弹线、找出门窗框安装位置	掩扇及安装样板	窗框、扇安装	门框安装	门扇

误区 ✗

不能用密度板做门套

分析：很多工人告诉业主不能用密度板做门套，容易变形。其实对于密度板来说，因为在生产过程中做过防水处理，其吸湿性比木材小，形状稳定性、抗菌性都较好，而且结构均匀，板面平滑细腻，尺寸稳定性好，因此是可以做门套的。只要先确定密度板是否环保，环保性好的密度板才可以用于门套制作。

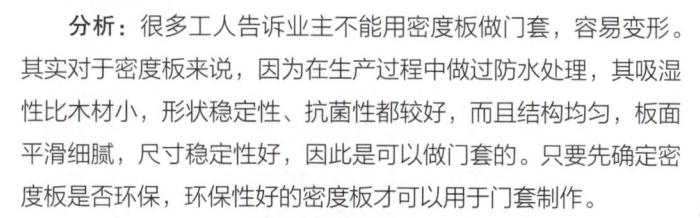

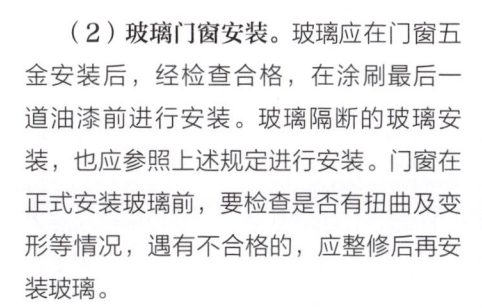

（2）玻璃门窗安装。玻璃应在门窗五金安装后，经检查合格，在涂刷最后一道油漆前进行安装。玻璃隔断的玻璃安装，也应参照上述规定进行安装。门窗在正式安装玻璃前，要检查是否有扭曲及变形等情况，遇有不合格的，应整修后再安装玻璃。

▶ 玻璃门装修效果

▼ 玻璃门窗安装施工流程

第一步 → 第二步 → 第三步 → 第四步 → 第五步

- 第二步：安装玻璃门扇上下夹
- 第四步：安装门扇
- 第一步：安装弹簧与定位销
- 第三步：上下夹固定
- 第五步：安装拉手

（3）铝合金门窗安装。铝合金门窗，是指采用铝合金挤压型材为框、梃、扇料制作的门窗，简称铝门窗。铝合金门窗框安装时，铝框上的保护膜在安装前后不得撕除或损坏。

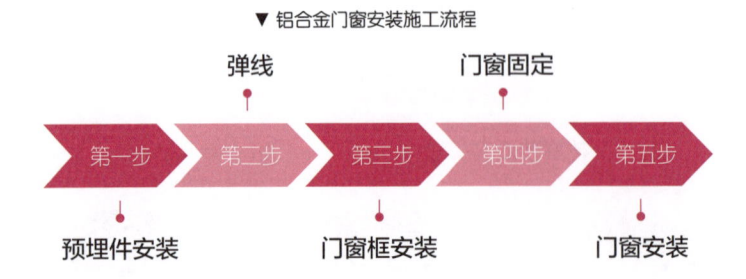

▼ 铝合金门窗安装施工流程

第一步 → 第二步 → 第三步 → 第四步 → 第五步

- 第二步：弹线
- 第四步：门窗固定
- 第一步：预埋件安装
- 第三步：门窗框安装
- 第五步：门窗安装

（4）塑钢门窗安装。塑钢门窗是以聚氯乙烯树脂为主要原料，经挤出成型材，然后通过切割、焊接或螺接的方式制成门窗框扇。塑钢门窗具有良好的隔热性能、气密性和耐腐蚀性能，长期在烈日、暴雨、干燥、潮湿之变化中，不会出现变色、老化、脆化等现象。

确保无污染源后拆除塑钢门窗上的保护膜

塑钢门窗的保护膜要确保在没有污染源的情况下撕掉。塑钢门窗的保护膜自出厂至安装完毕撕掉保护膜的时间不得超过6个月。如果出现老化的问题，应先用15%的双氧水溶液均匀地涂刷一遍，再用10%的氢氧化钠水溶液进行擦洗，这样保护膜可顺利地撕掉。

（5）阳台封装。阳台封装是为了给阳台多一层安全保障，主要是为了业主的生活更加安全舒适，并且阳台封装还能美化装饰阳台，让阳台看起来更加美观。

目前封闭阳台有无框结构和有框结构两种，无框结构在视觉方面和玻璃清洁方面以及解决圆弧阳台方面具有特别明显的优点，而且随着设计、生产技术的不断提升，无框结构在安全性和承压能力方面已经能够实现或者接近有框结构所能够达到的程度，因此，时下流行的封装结构以无框结构为主。

2. 卫生洁具安装

卫生洁具是日常使用最为频繁的家居产品之一，因此，卫生洁具的质量必须要过关，这里的质量不仅仅是指产品的质量，还有其安装质量，卫生洁具如果安装不当会给日后使用造成安全隐患。

（1）**洗手盆安装**。一般来说标准的洗手盆高度为 800mm 左右，这是从地面到洗手盆的上部来计算的，这个高度就是比较符合人体工学的高度。此外，具体的安装高度还要根据家庭成员的高矮和使用习惯来确定，具体高度要结合实际情况进行适当的调整。

▼ 实木地板铺设施工流程

第一步	第二步	第三步	第四步	第五步	第六步	第七步
电钻打孔	膨胀螺栓插入拧紧	盆管架挂好	把洗手盆放在架上找平整	下水连接洗手盆	调直	上水连接

（2）**坐便器安装**。坐便器安装首先要先检查地面下水口管，在对准管口后放平找正，同时画好印记，打完孔洞后在管口抹上油灰并套好胶皮垫。接着在坐便器的水箱背面两个边孔打孔，插入螺栓后拧上螺母。最后安装背水箱下水弯头，装好八字门和漂子门，拧紧螺母。

> **注意事项：**
> 给水管安装角阀高度一般为地面至角阀中心 250mm，如安装连体坐便器应根据坐便器进水口离地高度而定，但不小于 100mm，给水管角阀中心一般在污水管中心左侧 150mm 或根据坐便器实际尺寸定位。

（3）**浴缸安装**。在安装浴缸之前，先把浴缸的下水管道配件装置好，然后再把浴缸放平。浴缸的下水管道比另一方的下水口要略微高一些，可以方便排水和排污，不会影响到浴缸的正常使用，同时浴缸安装时要找平方向，这样装饰出来的效果就比较美观大方，又不会被下水口所影响。

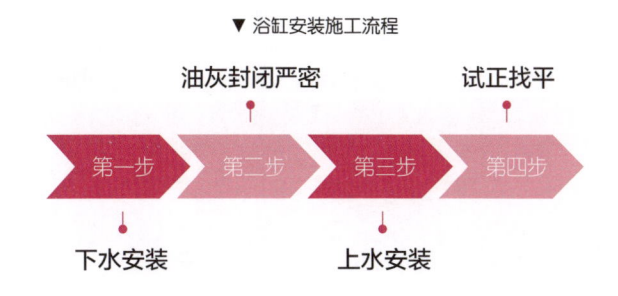

▼ 浴缸安装施工流程

第一步	第二步	第三步	第四步
下水安装	油灰封闭严密	上水安装	试正找平

3. 开关、灯具、插座安装

开关插座及灯具作为日常生活中经常使用的电器附件，其安全性与耐用性需密切关注。了解开关插座以及灯具的施工流程，正确安装，可以提前规避不必要的问题。

（1）开关、插座安装。开关的安装宜在灯具安装后，开关必须串联在火线上；凡插座必须是面对面板方向左接零线，右接火线，三孔上端接地线，并且盒内不允许有裸露铜线。三相插座，保护线接上端。

▼ 开关、插座安装施工流程

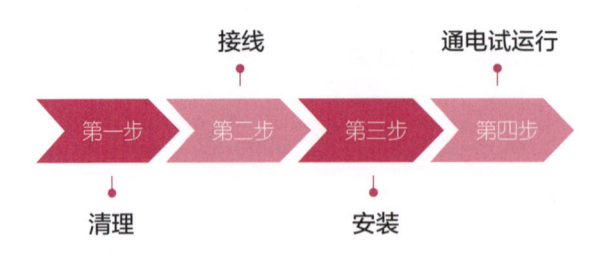

第一步	第二步	第三步	第四步
清理	接线	安装	通电试运行

家庭开关、插座高度保持美观与方便

在家庭装修中，所有房间的各种插座要保持在同一水平线，一般距地面 30 cm。开关应安装在进屋最容易发现的位置，高度在 1.5～1.7m，而且所有房间的开关也应保持在同一水平高度。

（2）灯具安装。灯具虽然小，却是调节家庭气氛的好帮手，灯具安装之前，应先检查验收灯具，查看配件是否齐全，有玻璃的灯具玻璃是否破碎，预先说明各个灯的具体安装位置，并注明于包装盒上。

注意事项：

一般来说，最好不要用木楔子来安装灯具，因为木楔子使用一段时间会出现易脱落、脱钉等现象，应该使用金属膨胀螺栓或胀塞。

▼ 灯具安装施工流程

第一步	第二步	第三步	第四步	第五步	第六步	第七步
处理电源线接口	灯具加查	定位、开孔或打孔	接线	安装灯具	测试调整	清理

第9章
掌控施工细节，杜绝偷工减料

（3）壁柜、吊柜及固定家具安装。壁柜框、扇进场后及时将加工品靠墙、贴地，顶面应涂刷防腐涂料，其他各面应涂刷底油一道，然后分类码放平整，底层垫平、保持通风。壁柜、吊柜的框和扇，在安装前应检查有无窜角、翘扭、弯曲、壁裂，如有以上缺陷，应修理合格后，再进行拼装。吊柜钢骨架应检查规格，有变形的应修正合格后进行安装。壁柜、吊柜的框安装应在抹灰前进行；扇的安装应在抹灰后进行。

▼ 壁柜、吊柜及固定家具安装施工流程

第一步 找线定位 → 第二步 框、架安装 → 第三步 壁柜、隔板、支点安装 → 第四步 壁（吊）柜扇安装 → 第五步 五金安装

TIPS 厨房没有承重墙怎么安装吊柜？

对于夹层或者隔断的非承重墙来说，可以使用箱体白板或者依据墙体受力情况采取更厚一些的白板，固定在墙体上，用以对墙体进行加固加厚。而非承重墙承受力度实在太低的话，可以做成U形板材，将白板与其他承重墙体固定，把受力点转移到其他承重墙体上，再安装橱柜。相对而言，这种方法既安全方便，造价也十分便宜。

（4）木窗帘盒、金属窗帘杆安装。木窗帘盒、金属窗帘杆虽然是家庭装修中极为微小的部分，但也至关重要，好的木窗帘盒、金属窗帘杆安装，能方便日后生活，减少因为质量不过关而带来的琐碎问题。

▼ 木窗帘盒、金属窗帘杆安装施工流程

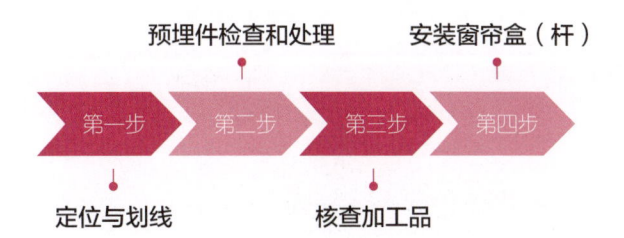

第一步 定位与划线 → 第二步 预埋件检查和处理 → 第三步 核查加工品 → 第四步 安装窗帘盒（杆）

分检施工工艺

不同的施工工艺有不用的检验标准和重点，在检查时要抓住重点关键点，仔细区分装修工艺的施工要点，及早规避施工隐藏的问题。

水路施工

序号	检验标准
01	给水管道与附件、器具连接严密，经通水实验无渗水
02	排水管道应畅通，无倒坡、无堵塞、无渗漏，地漏篦子应略低于地面
03	管壁颜色一致，无色泽不均匀及分解变色线，内外壁应光滑、平整，无气泡、裂口、裂纹、脱皮、痕纹及碰撞凹陷。公称外径不大于32mm，盘管卷材调直后截断面应无明显椭圆变形
04	明管、主管管外皮距墙面距离一般为2.5~3.5cm
05	冷热水间距一般不小于150~200mm
06	卫生器具采用下供水，甩口距地面一般为350~450mm
07	洗脸盆、台面距地面一般为800mm，沐浴器为1800~2000mm
08	阀门注意方面应该为低进高出，沿水流方向

电路施工

序号	检验标准
01	所有房间灯具使用正常
02	所有房间电源及空调插座使用正常

续表

序号	检验标准
03	所有房间电话、音响、电视、网络使用正常
04	有详细的电路布置图，标明导线规格及线路走向
05	灯具及其支架牢固端正，位置正确，有木台的安装在木台中心
06	导线与灯具连接牢固紧密，不伤灯芯，压板连接时无松动，水平无斜，螺栓连接时，在同一端子上导线不超过两根，防松垫圈等配件齐全

墙面抹灰施工

抹灰前将基层表面的尘土、污垢、油污等清理干净，并应浇水湿润。当抹灰总厚度大于或等于35mm时，应采取加强措施。不同材料基体交接处表面的抹灰，应采取防止开裂的加强措施，当采用加强网时，加强网与各基体的搭接宽度不应小于100mm。

抹灰层与基层之间及各抹灰层之间必须黏结牢固，抹灰层应无脱层、空鼓，面层应无爆灰和裂缝等缺陷。护角、孔洞、槽、盒周围的抹灰表面应整齐、光滑。

注意事项：

有排水要求的部位应做滴水线（槽），滴水线（槽）应整齐平顺、内高外低，滴水槽的宽度和深度均应不小于10mm。

壁纸施工

壁纸应粘贴牢固，不得有漏贴、补贴、脱层、空鼓。翘边裱糊后各幅拼接应横平竖直，拼接处花纹、图案应吻合、不离缝、不搭接，且拼缝不明显。壁纸边缘应平直整齐，不得有纸毛、飞刺。壁纸与各种装饰线、设备线盒等应交接严密。

▶ 墙纸翘边

吊顶施工

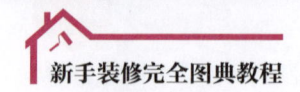

序号	检验标准
01	饰面材料的安装应稳固严密。饰面材料与龙骨的搭接宽度应大于龙骨受力面宽度的2/3
02	金属吊杆、龙骨应进行表面防腐处理；木龙骨应进行防腐、防火处理
03	安装双层石膏板时，面板层与基层板的接缝应错开，并不得在同一根龙骨上接缝
04	金属龙骨的接缝应平整、吻合、颜色一致，不得有划伤、擦伤等表面缺陷
05	吊顶内填充吸声材料的品种和铺设厚度应符合设计要求，并应有防散落措施

卫浴洁具安装

1. 洗手盆

序号	检验标准
01	排水栓应有不小于 8 mm 直径的溢流孔
02	排水栓与洗手盆连接时，排水栓溢流孔应尽量对准洗手盆溢流孔，以保证溢流部位畅通，镶接后排水栓上端面应低于洗手盆底
03	托架固定螺栓可采用不小于 6 mm 的镀锌开脚螺栓或镀锌金属膨胀螺栓（如墙体是多孔砖，则严禁使用膨胀螺栓）
04	洗手盆与墙面接触部应用硅膏嵌缝

2. 浴缸

在安装裙板浴缸时，其裙板底部应紧贴地面，楼板在排水处应预留 250~300 mm 洞孔，便于排水安装。如浴缸侧边砌裙墙，应在浴缸排水处设置检修孔或在排水端部墙上开设检修孔。各种浴缸冷、热水龙头或混合龙头其高度应高出浴缸上平面 150 mm。

3. 坐便器

给水管安装角阀高度一般距地面至角阀中心为 250 mm，如安装连体坐便器应根据坐便器进水口离地高度而定，但不小于 100 mm，给水管角阀中心一般在污水管中心左侧 150 mm 或根据坐便器实际尺寸定位。

带水箱及连体坐便器其水箱后背部离墙应不大于 20 mm。坐便器的安装应用不小于 6 mm 的镀锌膨胀螺栓固定，坐便器与螺母间应用软性垫片固定，污水管应露出地面 10 mm。冲水箱内溢水管高度应低于扳手孔 30~40 mm。

注意事项：

安装时不得破坏防水层，已经破坏或没有防水层的，要先做好防水，并经 24h 积水渗漏试验。

灯具安装

灯具重量大于 3kg 时，固定在螺栓或预埋吊钩上；软线吊灯，灯重量在 0.5kg 及以下时，采用软电线自身吊装；大于 0.5kg 的灯具采用吊链，且软电线编叉在吊链内，使电线不受力。

花灯吊钩圆钢直径不应小于灯具挂销直径，且不应小于 6mm。大型花灯的固定及悬吊装置，应按灯具重量的 2 倍做过载试验。当钢管做灯杆时，钢管内径不应小于 10mm，钢管厚度不应小于 1.5mm。

注意事项：

灯具固定牢固可靠，不使用木楔。每个灯具固用螺钉或螺栓不少于 2 个；当绝缘台直径在 75mm 及以下时，采用 1 个螺钉或螺栓固定。

地板铺设

序号	检验标准
01	实木地板面层所采用的材质和铺设时的木材含水率必须符合要求
02	实木地板的面层是非免刨免漆产品，应刨平、磨光，无明显刨痕和毛刺等现象
03	强化复合地板面层的颜色和图案应符合设计要求，图案应清晰，颜色应均匀一致，板面无翘曲
04	面层缝隙应严密，接缝位置应错开，表面要洁净
05	木格栅、垫木和毛地板等必须做防腐、防蛀处理

规避施工错误

再严格的监控，总免不了还是会出现质量问题。在装修过程中，尽量提前了解不同部位容易出现的一些质量问题和发生的原因，这样不仅可以节约预算，也可以为以后的起居生活减少不必要的麻烦。

隔墙工程常见问题

（1）石膏空心条板隔墙受潮。

原因： 由于石膏空心条板主要是以石膏为强度组织，构造上又是空心的，所以在使用过程中，吸水性比较大，容易受潮，造成强度下降。

解决方法： 当石膏空心板安装完毕时，可以加强通风，保持室内环境干燥，使板内水分充分蒸发掉。如果在使用过程中发现隔墙受潮变形，又无法修补时，必须拆除原有隔墙条板，重新安装并做好处理。

（2）纸面石膏板开裂。

原因： 当石膏板隔墙处于干燥的环境下，纸面石膏板的接缝陆续出现开裂，随着使用时间的延续，裂缝的数量及宽度逐渐增大。

解决方法： 要清除缝内的杂物，当嵌缝腻子初凝时，再刮一层较稀的，厚度掌握在1mm左右，随即贴穿孔纸带，纸带贴好后放置一段时间，待水分蒸发后，在纸带上再刮一层腻子，把纸带压住，同时把接缝板面找平。

（3）板材的接缝处高低不平。

原因： 由于采用了厚薄不一致的条板，在安装时又没有用靠尺找平和校正，造成板面不平整、不垂直，影响了装饰效果。

解决方法： 要将厚薄误差大或因受潮变形的板材挑出，在同一面隔墙上必须使用厚度一致的板材。安装中应随时用2m靠尺及塞尺测量墙面的平整度，用2m托线板检查板材的垂直度。

（4）隔墙板与地面连接不牢。

原因： 地面上没有做好凿毛清洁工作，使填塞的细石混凝土落度大，填塞不严，造成墙板与楼地面连接不牢;或隔墙板与两侧墙面及板与板之间用胶黏剂粘接时,胶黏剂与板材不配套,造成黏接不牢,出现缝隙。

解决方法:切割时一定要找平整的地面,地面上突出的砂浆、混凝土块等必须剔除并清扫干净。胶黏剂一定要配套或使用掺108胶的水泥砂浆。

墙面抹灰常见问题

(1)交接处空鼓、开裂。

原因:砖墙或混凝土基层抹灰后,由于水分的蒸发、材料的收缩系数不同、基层材料不同等,容易在不同基层墙面的交接处,如接线盒周围等,出现空鼓、裂缝问题。

解决方法:墙面上所有的接线盒的安装时间应注意,一般在墙面打点冲筋后进行。抹灰工与电工同时配合作业,安装后接线盒与冲筋面相平,因此,可避免接线盒周围出现空鼓、裂缝的质量问题。

(2)抹灰层厚度过大。

原因:抹灰层过厚,容易使抹灰层来裂、起翘,严重的会导致抹灰层脱落,引发安全事故。

解决方法:抹灰层并不是越厚越好,只要达到质量验评标准的规定即可。如顶面抹灰厚度为15~20mm、内墙抹灰厚度为18~20mm等。

壁纸施工常见问题

序号	常见问题	解决方法
01	塑料壁纸未做润纸处理	应将塑料壁纸在水中浸泡2~3min后取出,然后静置20min再裱糊;或用排笔在纸背刷水,要满刷且均匀,在静置15min后也可达到使其充分膨胀的作用
02	出现离缝	如果相邻的两幅壁纸间的离缝距离较小,可用与壁纸颜色相同的乳胶漆点描在缝隙内;如相邻的两幅壁纸间的离缝距离较大时,可用相同的壁纸进行补救
03	表面出现褶皱	如是在壁纸刚刚粘贴完时就发现有死褶,且胶黏剂未干燥,这时可将壁纸揭下来重新进行裱糊;如胶黏剂已经干透,则需要撕掉壁纸,重新进行粘贴

软包施工常见问题

出现翘边、敲缝现象。

原因： 由于软包饰面的接缝或边缘处胶黏剂的涂刷过少，导致了胶黏剂干燥后出现翘边、翘缝的现象，既影响了装饰效果，又影响了使用功能。

解决方法： 在软包施工时，胶黏剂应涂刷满刷且均匀，在接缝或边缘处可适当多刷些胶黏剂。胶黏剂涂刷后，应赶平压实，多余的胶黏剂应及时清除。

油漆工程常见问题

序号	常见问题	解决方法
01	色泽不均匀	腻子应水分少而油性多，腻子配制的颜色应由浅到深，着色腻子应一次性配成，不得任意加色
02	漆膜中的颗粒较多，表面较粗糙	可用细水砂纸蘸着温肥皂水，仔细将颗粒打平、磨滑，然后重新再涂刷一遍。对于高级装修的饰面，可用水砂纸打磨平整后上光蜡，使表面光亮，以此避免漆膜表面粗糙的缺陷
03	漆膜开裂	轻度的漆膜开裂，可用水砂纸打磨平整后重新涂刷；而对于严重的漆膜开裂，则应全部铲除后重新涂刷

吊顶工程常见问题

序号	常见问题	解决方法
01	吊顶不顺直	如果情况不是十分严重，可利用吊杆或吊筋螺栓调整龙骨的拱度，或者对于膨胀螺栓或射钉的松动、脱焊等造成的不顺直，采取补钉、补焊的措施
02	吊顶表面起伏不平	如果吊平顶内敷设电气管线、给排水、空调管线等时，必须待其安装完毕、调试符合要求后再封罩面板，以免施工踩坏吊顶而影响平顶的平整度。罩面板安装后应检查其是否平整，一般以观察、手试方法检查，必要时可拉线、尺量检查其平整情况

地面铺砖常见问题

序号	常见问题	解决方法
01	空鼓或松动	将地面砖掀开，去掉原有结合层的砂浆并清理干净，用水冲洗后晾干；刷一道水泥砂浆，按设计的厚度刮平并控制好均匀度，而后将地面砖的背面残留砂浆刮除，洗净并浸水晾干，再刮一层胶黏剂，压实拍平即可

续表

序号	常见问题	解决方法
02	爆裂或起拱	沿已裂缝的找平层拉线，用切割机切缝，缝宽控制在 10~15mm，而后灌柔性密封胶。结合层可用干硬性水泥砂浆铺刮平整铺贴地面砖，也可用建筑装饰胶黏剂
03	防水高度不正确	卫生间地面铺砖前，应检查楼层上地漏接口是否安装好防水托盘并低于地面建筑标高 20mm；坐便器和浴缸在楼板上的预留排水口需要高出地面建筑标高 10mm
04	非整砖拼凑过多	粘贴前应预先排砖，使得拼缝均匀。在同一面墙上横竖排列，不得有一上一下的非整砖，且非整砖的排列应放在次要部位

门窗工程常见问题

（1）门窗弯曲变形。

原因：钢门窗的框在使用过程中发生弯曲变形，导致了门窗关闭不严密，严重的可使门窗关不上或开不开，影响了使用。

解决方法：如果发现钢门窗发生变形，应根据变形的实际情况进行适当处理。情况较轻者，可用氧气等加热烘烤的方法进行局部矫正；如果情况较严重，则需要拆除重新安装。

（2）门窗变形或损伤。

原因：由于塑料门窗型材的材质较脆且是中空多腔，内设的增强型钢在转角处没有经过焊接，其整体刚度较差，如果在运输及装卸过程中野蛮作业，很容易造成门窗变形、表面损伤或型材断裂的现象。

解决方法：在运输塑料门窗时，应竖直排放并固定牢固，以防止在运输过程中颠震损坏。门窗之间应用非金属软质材料隔开，五金配件的位置也应相互错开，以免发生碰撞、挤压，造成损坏。在装卸塑料门窗时，应轻拿轻放，不得用丢、摔、甩等野蛮的方式进行作业。

（3）门窗连接不牢。

原因：直接用钉子钉入墙体内固定塑料门窗与墙体的固定片，经过长时间的使用后钉子会发生锈蚀、松动，导致门窗的连接受到破坏，严重的会影响到使用的安全性。

解决方法：如果与塑料门窗相连接的是混凝土墙体，可采用射钉或塑料膨胀螺钉固定；如果与塑料门窗相连接的是砖墙或轻质隔墙，则应在砌筑时预先埋入预制的混凝土块，然后再用射钉或塑料膨胀螺钉固定。

（4）门窗卡阻。

原因：铝合金推拉门窗在使用一段时间后，门窗在推拉时会有卡死或卡阻现象，严重的还会出现脱轨或掉落。

解决方法：若发现门窗在推拉时有卡死或卡阻现象，一般是因为用料偏小、强度不足或刚度

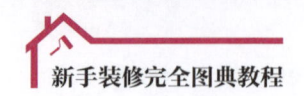

不够等情况致使门窗推拉不灵活，这种情况下则必须拆除后重新安装。

玻璃门窗安装常见质量问题

序号	常见问题	解决方法
01	垫块选择不当	玻璃垫块应选用邵氏硬度80的硬橡胶，其宽度应大于所支撑的玻璃厚度，长度不小于25mm，厚度一般为2~6mm
02	窗扇变形	安装在竖框中的玻璃应在下方设两块承重垫块，搁置点离玻璃垂直边缘的距离为玻璃宽度的1/4且不小于150mm。其他方向应设定位块，以固定玻璃，确保四周缝隙均匀
03	尺寸不准	严格控制玻璃裁割尺寸，玻璃尺寸与框扇内尺寸之差应等于两个垫块的厚度

木窗帘盒、金属窗帘杆安装应注意的质量问题

序号	常见问题	解决方法
01	窗帘盒松动	如果是榫眼对接不紧，应拆下窗帘盒，修理榫眼后重新安装；如果是同基体连接不牢固，应将螺钉进一步拧紧，或增加固定点
02	窗帘盒两端伸出的长度不一致	主要是窗中心与窗帘盒中心对不准，操作不认真所致。安装时应核对尺寸，使两端长度相同
03	窗帘轨道脱落	多数由于盖板太薄或螺钉松动造成。一般盖板厚度不宜小于15mm，薄于15mm的盖板应用机螺钉固定窗帘轨
04	窗帘盒迎面板扭曲	加工时木材干燥不好，入场后存放受潮，安装时应及时刷油漆一遍

壁柜、吊柜及固定家具安装应注意的质量问题

序号	常见问题	解决方法
01	柜框安装不牢	预埋木砖安装时活动，固定点少，用钉固定时，数量要够，木砖埋牢固
02	合页不平、螺钉松动、螺帽不平正、缺螺纹	操作时螺钉打入长度1/3，拧入深度应2/3，不得倾斜
03	柜框与洞口尺寸误差过大，造成边框与侧墙、顶与上框间缝隙过大	注意结构施工留洞尺寸，严格检查确保洞口尺寸

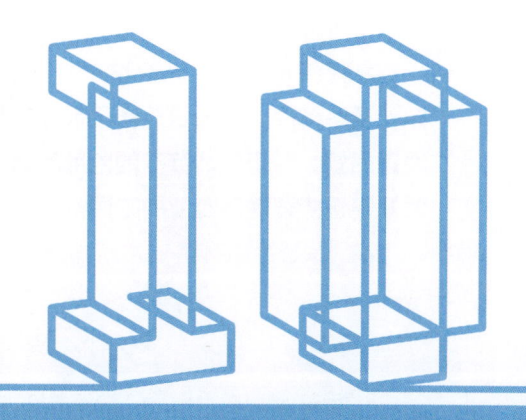

第 10 章
亲自验收，
对家居负责到底

装修质量控制是家庭装修的重要步骤，对装修中的各个部分进行阶段性控制可以避免装修后期一些质量问题的出现。并且每个阶段验收项目都不相同，尤其是中期阶段的隐蔽工程验收，对家庭装修的整体质量来说至关重要。

备齐验收工具

家庭装修过程中，验收是非常重要的环节，及时去发现装修中的问题与不足，及早解决，也为日后省了很多麻烦。但是房屋的验收不是仅凭眼睛观察就能发现问题，对于可能存在的内部问题，这样的检查方式往往起不到任何作用，这时候还是需要使用专业的工具。

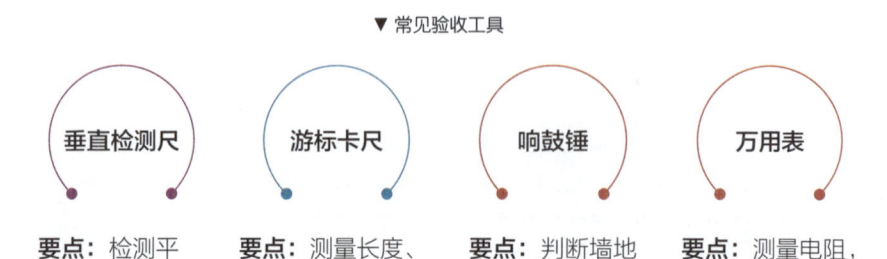

▼ 常见验收工具

垂直检测尺	游标卡尺	响鼓锤	万用表
要点：检测平面的垂直度	**要点**：测量长度、内外径、深度	**要点**：判断墙地面是否空鼓	**要点**：测量电阻，交、直流电压

垂直检测尺

1. 用途

垂直检测尺又称靠尺，检测建筑物体平面的垂直度、平整度及水平度的偏差。可以用来检测墙面、瓷砖是否平整、垂直；检测地板龙骨是否水平、平整。功能包含垂直度检测、水平度检测、平整度检测，是家装监理中使用频率最高的一种检测工具。

2. 使用要点

（1）**垂直度检测**。

① 用于 1m 检测时，推下仪表盖。活动销推键向上推，将检测尺左侧面靠紧被测面（注意：握尺要垂直，观察红色活动销外露 3~5mm，摆动灵活即可），待指针自行摆动停止时，读指针所指刻度下行刻度数值，此数值即被测面 1m 垂直度偏差，每格为 1mm。

② 2m 检测时，将检测尺展开后锁紧连接扣，检测方法同上，直读指针所指上行刻度数值，此数值即被测面 2m 垂直度偏差，每格为 1mm。如被测面不平整，可用右侧上下靠脚（中间靠脚旋出不要）检测。

（2）**水平度检测**。检测尺侧面靠紧被测面，其缝隙大小用楔形塞尺检测（参照 3.4 契形塞尺），其数值即平整度偏差。

（3）**平整度检测**。检测尺侧面装有水准管，可检测水平度，用法同普通水平仪。

垂直检测尺校正方法

垂直检测时，如发现仪表指针数值偏差，应将检测尺放在标准器上进行校对调正，标准器可自制，将一根长约 2.1m 水平直方木或铝型材，竖直安装在墙面上，由线坠调正垂直，将检测尺放在标准水平物体上，用十字螺丝刀调节水准管 "S" 螺丝，使气泡居中。

游标卡尺

1. 用途

游标卡尺是一种测量长度、内外径、深度，被广泛使用的高精度测量工具。游标卡尺由主尺和附在主尺上能滑动的游标两部分构成。游标卡尺作为一种常用量具，可具体应用在测量工件宽度、测量工件外径、测量工件内径、测量工件深度四个方面。

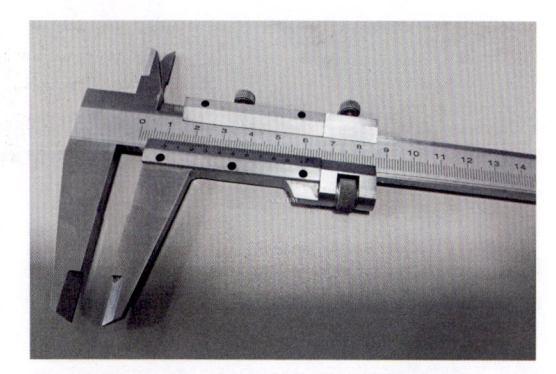

2. 使用要点

（1）用软布将量爪擦干净，使其并拢，查看游标和主尺身的零刻度线是否对齐。如果对齐就可以进行测量；如没有对齐则要记取零误差。游标的零刻度线在尺身零刻度线右侧的叫正零误差，在尺身零刻度线左侧的叫负零误差。

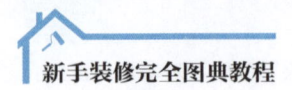

（2）测量时，右手拿住尺身，大拇指移动游标，左手拿待测外径（或内径）的物体，使待测物位于外测量爪之间，当与量爪紧紧相贴时，即可读数。

（3）测量零件的外尺寸时，卡尺两测量面的联线应垂直于被测量表面，不能歪斜。测量时，可以轻轻摇动卡尺，放正垂直位置。

游标卡尺读数方法

读数时首先以游标零刻度线为准在尺身上读取毫米整数，然后看游标上第几条刻度线与尺身的刻度线对齐，如第 6 条刻度线与尺身刻度线对齐，则小数部分即为 0.6mm（若没有正好对齐的线，则取最接近对齐的线进行读数）。如有零误差，则一律用上述结果减去零误差。读数结果：

$$L = 整数部分 + 小数部分 - 零误差$$

响鼓锤

1. 用途

响鼓锤由锤头和锤把组成，其特征在于锤头上部为楔状，下部为方形，一般分为 10g、15g、25g、50g 和伸缩式的响鼓锤，可以通过锤头与墙面撞击的声音来判断是否空鼓。

2. 使用要点使用要点

（1）锤尖用来检测石材面板或大块陶瓷面砖的空鼓面积。将锤尖置于其面板或面砖的角部，左右来回退向面板或/面砖的中部轻轻滑动并听其声音判定空鼓面积或程度。注意千万不能用锤头或锤尖敲击面板面砖。

（2）锤头用来检测较厚的水泥砂浆找坡层及找平层，或厚度在 40mm 左右混凝土面层的空鼓面积或程度。将锤头置于距其表面 20~30mm 的高度，轻轻反复敲击并通过轻击过程所发出的声音判定空鼓面积或程度。

万用表

1. 用途

万用表是一种带有整流器的，可以测交、直流电流、电压及电阻等多种电学参量的磁电式仪表。万用表不仅可以用来测量被测量物体的电阻，交、直流电压，还可以测量直流电压，甚至有的万用表还可以测量晶体管的主要参数以及电容器的电容量等。

2. 使用要点

（1）在使用万用表之前，应先进行"机械调零"，即在没有被测电量时，使万用表指针指在零电压或零电流的位置上。

（2）在测量某电路电阻时，必须切断被测电路的电源，不得带电测量。

（3）在测量某一电量时，不能在测量的同时换档，尤其是在测量高电压或大电流时、，更应注意。否则会使万用表毁坏。如需换档，应先断开表笔，换档后再去测量。

（4）在对被测数据大小不明时，应先将量程开关，置于最大值，而后由大量程往小量程档处切换，使仪表指针指示在满刻度的 1/2 以上处即可。

（5）万用表使用完毕，应将转换开关置于交流电压的最大档。如果长期不使用，还应将万用表内部的电池取出来，以免电池腐蚀表内其他器件。

指针万用表与数字万用表的对比

指针万用表具有直观、形象的读数指示，数字万用表是瞬时取样式仪表，读取结果不如指针式方便；指针式万用表内部结构简单、成本较低、功能较少、维护简单、过流过压能力较强，数字式万用表由于内部结构多用集成电路，所以过载能力较差，损坏后一般也不易修复。

了解验收重点

装修质量监控是家庭装修的重要步骤，对装修中的各个部分进行阶段性控制可以避免装修后期一些质量问题的出现。每个阶段验收项目都不相同，尤其是中期阶段的隐蔽工程验收，对家庭装修的整体质量来说至关重要。

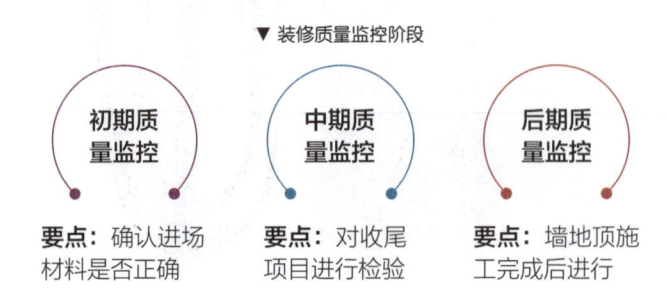

▼ 装修质量监控阶段

初期质量监控
要点：确认进场材料是否正确

中期质量监控
要点：对收尾项目进行检验

后期质量监控
要点：墙地顶施工完成后进行

初期质量监控

初期检验最重要的是检查进场材料（如，腻子、胶类等）是否与合同中预算单上的材料一致，尤其要检查水电改造材料（电线、水管）的品牌是否属于前期确定的品牌，避免进场材料中掺杂其他材料影响后期施工。如果业主发现进场材料与合同中的品牌不同，则可以拒绝在材料验收单上签字，直至与装修公司协商解决后再签字。

中期质量监控

一般装修进行 15 天左右就可进行中期检验（别墅施工时间相对较长），中期工程是装修检验中最复杂的步骤，其检验是否合格将会影响后期多个装修项目的进行。

1. 吊顶工程

首先要检查吊顶的木龙骨是否涂刷了防火材料，其次是检查吊杆的间距，吊杆间距不能过大，否则会影响其承受力，间距应在 600~900mm。最后要查看吊杆的牢固性，是否有晃动现象。

2. 水路工程

对水路改造的检验主要是进行打压实验，打压时压力不能小于 6kgf（1kgf=9.8N），打压时间不能少于 15min，然后检查压力表是否有泄压的情况。

3. 电路工程

检验电路时，一定要注意使用的电线是否为预算单中确定的品牌以及电线是否达标。检验电路改造时还要检查插座的封闭情况，如果原来的插座进行了移位，移位处要进行防潮防水处理，应用三层以上的防水胶布进行封闭。

4. 墙砖、地砖

业主可以使用小锤子敲打墙、地砖的边角，检查是否存在空鼓现象。墙、地砖的空鼓率不能超过 5%，否则会出现脱落，值得注意的是，墙、地砖不允许出现中间空鼓。业主还可以检查墙、地砖砖缝的美观度，一般情况下，无缝砖的砖缝在 1.5mm 左右，不能超过 2mm，边缘有弧度的瓷砖砖缝为 3mm 左右。

> **注意事项：**
> 砂浆不饱满、基层处理不当、瓷砖泡水时间不足都可能导致瓷砖中间空鼓，如果出现这种问题，业主应要求工人将这部分瓷砖铲除重贴。

5. 防水

防水验收主要是通过做闭水实验来验收。除了检验地漏房间的防水，业主还应检验淋浴间墙面的防水，检验墙面防水时可以先检查墙面的刷漆是否均匀一致，有无漏刷现象，尤其要检查阴阳角是否有漏刷，避免阴阳角漏刷导致返潮发霉。

墙面的防水高度要进行检验

业主注意要核对墙面的防水高度是否达到了装修公司承诺的高度。一般淋浴间的防水高度为 1.8m 左右，但从经济的角度考虑，业主可以在淋浴区设置 1.8m 高的防水，其他区域设置高于 1.5m 的防水。

后期质量监控

后期控制相对中期检验来说比较简单，主要是对中期项目的收尾部分进行检验。后期检验需要业主、设计师、工程监理、施工负责人四方参与，对工程材料、设计、工艺质量进行整体检验，合格后才可签字确认。

（1）电路主要查看插座的接线是否正确以及是否通电，卫浴间的插座应设有防水盖。

（2）除了对中期项目的收尾部分进行检验，业主还应检验地板、塑钢窗等尾期进行的装修项目。

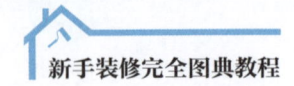

（3）业主需要检查有地漏的房间是否存在"倒坡"现象。打开水龙头或者花洒，一定时间后看地面流水是否通畅，有无局部积水现象。除此之外，还应对地漏的通畅、坐便器和洗手盆的下水进行检验。

误区一：重结果不重过程

分析：有些业主甚至包括一些公司的工程监理，对装修过程中的检验不是很重视，到了工程完工时，才发现有些地方的隐蔽工程没有做好，如因防水处理不好，导致的卫浴间、墙壁发霉等。

误区二：忽略室内空气质量检验

分析：对于装修后的室内空气质量，尽管装修公司在选择材料的时候都用有国家环保认证的装修材料，但是，因为目前市场上的任何一款材料，都或多或少地有一定的有害物质，所以在装修的过程中，难免会产生一定的空气污染。有条件的家庭最好在装修完毕之后做室内空气质量检测，检验检测、治理合格之后再入住。

装修质量监控重点方面

家庭装修质量一般按照水、电、瓦、木、油这五个方面进行监控，作为非专业的普通业主在进行质量检查时应注意以下几点：

（1）水池、面盆、洁具的安装是否平整、牢固、顺直；上下水路管线是否顺直，紧固件是否已安装，接头有无漏水和渗水现象。

（2）电源线是否使用国标铜线，一般照明和插座使用截面积为 2.5mm^2 的线；厨卫间使用截面积为 4mm^2 的线，如果电源线是多股线，还要进行焊锡处理后方可接在开关插座上。

（3）施工前要进行预排预选工序，把规格不一的材料分成几类，分别放在不同的房间或平面，以使砖缝对齐，把个别翘角的材料作为切割材料使用，这样就能使用质量较低的材料装出较好的效果。

（4）选择木材一定要选烘干的材料，这样才会避免日后的变形；木方表面应涂刷防火防腐材料后方可使用，细木工板要选用质量高环保的材料。

> **注意事项：**
>
> 大面积吊顶、墙裙每平方米不少于8个固定点，吊顶要使用金属吊点，门窗的制作要使用好些的材料以防变形。

（5）装饰装修的表面处理最为关键，油漆一定要选用优质材料，涂刷或喷漆之前一定要做好表面处理，混油先在木器表面刮平原子灰，经打磨平整后再喷涂油漆，墙面的墙漆在涂刷前，一定要使用底漆（以隔绝墙和面漆的酸碱反应），以防墙面变色。

留意局部验收

第10章 亲自验收，对家居负责到底

在房屋装修过程中及施工结束后都会涉及验收，验收的好坏可以影响日后生活的便利性，排除掉不合格的装修工程，减少后期返工。业主一方面可以请专业人士来进行验收，也可以通过了解验收重点，自己进行验收。

墙面工程验收

1. 外观检查

墙面外观检查，一般须检查墙面的颜色是否均匀、平整，是否有裂缝。可用眼看的方法检查墙面的颜色是否均匀；用手摸检查墙面的平整与裂缝的问题，尤其检查承重墙与楼板，看是否有受重裂缝或贯穿性裂缝。

注意事项：

如需要更精确地检查，可在晚上使用高瓦数的灯泡（200W），放在墙上，墙壁情况就更加一目了然了。

2. 垂直平直度检查

（1）**检查墙角偏差值**。使用多功能内外直角检测尺能检测墙面内外（阴阳）直角的偏差，一般普通的抹灰墙面偏差值为4mm，砖面偏差度为2mm。

（2）**垂直度与水平度检查**。用垂直检测尺对墙面的垂直度与水平度进行检测。检测时将检测尺左侧靠近被测面，观察指针，所指刻度为偏差值，抹灰立面垂直度偏差值一般为5mm，砖面允许偏差2mm，抹灰墙面水平偏差值为4mm，砖面偏差2mm。注意在测水平度前，须校正水平管。

183

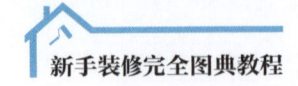

3. 墙面空鼓检查

（1）眼看手摸检查漆面空鼓情况。在检查抹灰墙面的空鼓情况时，在距离墙面 8~10cm 处观察，墙面是否光滑、平整，然后用手摸，确定墙面空鼓的位置以及面积。

（2）敲击检查瓷砖面空鼓情况。观察墙壁瓷砖铺贴的整体效果后，用响鼓锤对墙面每块瓷砖轻轻敲击，通过辨识声音判断哪些地方有空鼓现象。

地面工程验收

1. 外观检查

地面外观检查，首先须在 2m 以外的地方，对光目测地面颜色是否均匀，有无色差与刮痕，查看砖面是否有异常污染，如，水泥、油漆等。然后用眼看和手摸检查表面是否有裂纹、裂缝以及破损。

注意事项：

裂缝是指整块砖面从表面到底部开裂，手摸感觉明显割手。而裂纹是指砖面表面有裂开，但瓷砖底部是完好的，用手触摸有轻微的割手感觉。

2. 平整度检查

用垂直检测尺对地面的平整度进行检测。测量前，必须将测量尺右侧的水泡位置进行校准，确保检查无误差。用测量尺左侧贴近地面，观察水泡移动的位置，以及测量尺上的刻度显示，确定地面平整度。一般地砖铺贴表面平整度允许误差为 5mm，而地板平整度偏差为 3mm。

3. 坡度检查

在卫浴和阳台远离地漏的位置撒水，并观察水是否流向下水口。关闭水源一段时间，观察地面是否有严重积水的情况。如果积水不退，表明地面泄水坡度有问题。除了用水测试外，还可以在地漏附近用乒乓球测试，看球是否朝地漏方向滚动。

4. 地面空鼓检查

（1）检查地砖空鼓情况。用小铁棒对每一块地砖进行敲击，通过敲击发出的响声判断地砖是否空鼓，如果地砖空鼓，声音有明显的空洞感觉。一般地砖空鼓不超过转面积的 20% 为合格，空鼓率低于 5% 属于高标准。

（2）检查地板松动情况。在木地板上来回走动，仔细听地板发出的声响，在检查的时候注意加重脚步，多次重复测试。特别对靠墙和门洞的部位要慎重验收。发现有声响的部位，再重复走动，确定具体位置后做好标记，一般有松动的地板需要重铺。

给排水工程验收

1. 给水工程检查

（1）**质量检查**。首先对现有安装的阀门、龙头以及进水管进行检查，查看安装位置是否合理。一般水管安装不得靠近电源与燃气管。其次，用手摇动龙头和水管，检查安装是否牢固，有无松脱现象。然后检查阀门与龙头开关的灵活性。最后，查看外观有无破损生锈。

（2）**通水检查**。把阀门和龙头打开一段时间，进行通水测试。首先查看龙头的出水是否顺畅，有无阻塞情况，水质有无异常。然后关闭龙头，查看龙头和阀门位置是否有滴水和漏水的情况。通水后，可以对水表进行检查，查看安装是否符合规范，有无装反。关闭龙头后，有无空转现象。如果有安装冷热水管的，应检查冷热水出口是否正确。

2. 排水工程检查

（1）**质量检查**。首先查看地漏口与排水口的位置安排是否合理，再近距离观察排水口和地漏的完整性，查看有无异物堵塞。然后用手晃动排水管道，检查其稳固性。观察排水管道的表面和接头是否完好，排水管道有无直角和死角。

（2）**排水检查**。打开水龙头，关闭一段时间后，查看表面无积水，可检查下水口去水是否顺畅。也在下水口灌入两盆水左右，这一项检查需对所有的台盆、浴缸、马桶、地漏进行检查。如果听到咕噜噜的声音表明去水正常。

电工程验收

1. 电箱检查

（1）**电箱安装标准检查**。电箱安装应垂直，下底与地面垂直距离应大于或等于1.3m、小于或等于1.5m；如果有多个电箱，电箱之间的距离不应小于30mm。

（2）**电箱外观检查**。在断电的情况下，用干净的抹布对电箱表面进行擦拭，检查表面是否干净；并查看电箱有无刮痕和磨损；查看电箱表面有无油漆等造成的污渍。

（3）**电箱结构检查**。重复打开箱门，检查箱门开关的灵活性；在断电的情况下，用手拨动各开关与漏电保护器，检查其运作是否灵活；打开电箱前盖，检查电箱的布线是否整齐；回路标记是否清晰等。

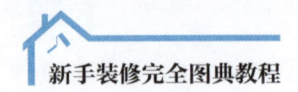

2. 电器检查

检查电器的安装情况，首先关掉电箱的总开关，然后用手轻轻摇晃各种电器，检查是否有松动，或者掉落的情况。然后，对照业主的设计图纸以及电器的布局图，检查各种电器安装位置是否准确。

3. 开关检查

（1）**外观检查**。用干净的白色抹布分别擦拭各房间的开关，检查开关表面有无污迹。并近距离观察插座表面是否有刮痕和损伤。然后远距离观察开关的安装位置是否与地面垂直，还可以用量度开关与地面距离的方法检查垂直度。

（2）**对应的电器运作情况检查**。对房子的所有开关进行检查，重复拨动开关，检查开关是否灵活。并观察开关对应的电器是否正常运作。

4. 插座检查

（1）**外观检查**。观察插座，用手轻擦客厅插座表面，检查有无损坏。检查擦拭时注意，不要用手指插进插座孔，还有手指不能有水，防止插座触电漏电。

（2）**用电检查**。把验电器逐个插进各房间的插座，然后拨动验电器按钮，验电器灯变亮。通过观察验电器上 N、PE、L 三盏灯的亮灯情况，判断插座是否能正常通电。

注意事项：

检验的时候注意使用的验电器时必须与其额定电压和被检验电气设备的电压等级相适应，否则可能造成错误判断。